高等教育艺术设计精编教材

景观手绘效果图表现技法

徐 伟 朱珍华 / 编 著

清华大学出版社
北 京

内容简介

本书全面诠释了景观设计手绘的作用，系统总结了一套完整的景观手绘学习方法，综合解析了图解思想与景观工程表达的关系，对景观手绘在景观设计中所存在的优缺点进行详细阐述。

全书总共6章，从基础训练、透视、色彩、快题设计及实际案例等方面展开，根据难易程度进行了循序渐进的讲解，以便满足不同基础读者的学习需求。第1章和第2章讲述景观手绘线稿的入门知识，主要讲述景观基本线条以及景观线稿的表现，为景观手绘的学习打下坚实的基础；第3章讲解透视基本原理及其在景观手绘中的运用；第4章讲解马克笔、彩色铅笔等工具的上色技法；第5章结合实例讲解快题设计的作图规范及方法，并精选快题设计优秀方案，供读者学习参考；第6章讲述了手绘在园林景观设计各个阶段的具体应用。

本书内容翔实、层次清晰、图文并茂、针对性较强，主要面向景观设计专业的学生，可作为高等院校景观、建筑、城乡规划、环境艺术设计专业的教材，以及学生的自学及考研参考书，也可作为景观设计初、中级技术人员的培训教材，还可以作为广大手绘艺术爱好者的学习用书。

图书在版编目（CIP）数据

景观手绘效果图表现技法 /徐伟，朱珍华编著. —北京：清华大学出版社，2021.3（2023.1重印）
高等教育艺术设计精编教材
ISBN 978-7-302-56961-9

Ⅰ. ①景… Ⅱ. ①徐… ②朱… Ⅲ. ①景观－园林设计－绘画技法－高等学校－教材 Ⅳ. ①TU986.2

中国版本图书馆CIP数据核字(2020)第231407号

责任编辑：张龙卿
封面设计：别志刚
责任校对：赵琳爽
责任印制：朱雨萌

出版发行：清华大学出版社
网　　址：http：//www.tup.com.cn，http：//www.wqbook.com
地　　址：北京清华大学学研大厦A座　　**邮　　编**：100084
社 总 机：010-83470000　　**邮　　购**：010-62786544
投稿与读者服务：010-62776969，c-service@tup.tsinghua.edu.cn
质量反馈：010-62772015，zhiliang@tup.tsinghua.edu.cn
课件下载：http://www.tup.com.cn，010-83470410
印 装 者：三河市龙大印装有限公司
经　　销：全国新华书店
开　　本：210mm×285mm　　**印　　张**：11　　**字　　数**：312千字
版　　次：2021年3月第1版　　**印　　次**：2023年1月第3次印刷
定　　价：79.00元

产品编号：084908-01

前言

随着景观设计行业日新月异的发展，尤其是随着建筑行业的兴起，人们对环境改善的诉求和呼声也越来越高。景观手绘表达是景观方案设计最行之有效，也是不可替代的一种重要表达方式，越来越多的景观设计师意识到手绘设计对于景观设计行业的发展具有重要作用。

“景观”是指一定区域呈现的景象，即视觉效果；景观设计是指风景与园林的规划设计，与规划、生态、地理等多种学科交叉融合；景观设计手绘则是一门将科学理性分析和艺术灵感创作融为一体的综合性很高的艺术设计课程。

景观设计围绕“以人为本”的设计理念，旨在为“人”提供舒适、优美、宜居的环境。作为景观设计专业的学生，不仅要掌握专业理论知识，参与设计实践，熟悉设计施工流程，还需要具备手绘技能，以便更好地表达设计构思。

本书编著者经过深入到设计公司调研，查阅文献，搜集资料等，并结合自身的绘画心得、设计体验、教学经验，完成了本书的编著，以便为景观设计专业学生提升手绘设计表现技能尽绵薄之力。

本书结合课程及专业特点，系统地讲述了园林景观手绘的表现类型和表现要素，分步骤详解景观效果图的绘制方法和技巧，并引入具体设计案例来剖析景观平面图、立面图、剖面图及大样图的手绘表现，同时还解析了景观设计案例表达细节及表现方法。

本书从简单的线条到综合案例，从基本的透视原理到景观效果图的透视训练，从黑白线稿到马克笔着色，由易到难、循序渐进，将景观设计及手绘表现进行完整、充分的延展和深化，为景观专业学生及景观设计从业者提供有效的指导。

在此衷心感谢邓蒲兵、王姜、李根、郑昌辉、邓文杰、李鸣、谢宗涛等多位老师为本书提供的优秀设计案例和景观手绘效果图，感谢我的硕士研究生唐意贤同学对本书的精心整理，最后衷心感谢各位专家学者的热心帮助。

本书不完善之处，敬请广大读者批评指正。

编著者

2020年9月

目　录

景观手绘效果图表现技法

第 1 章
景观手绘线稿设计基础

1.1 景观绘图工具及其选择

1.1.1 画笔的选择

1．线稿画笔的选择

铅笔是一种用于书写、绘画的笔类，主要以石墨为笔芯（彩色铅笔除外）、以木杆为外包层制作而成，尾端大多附有一个橡皮擦，以擦除笔迹。现在的铅笔笔芯以石墨和黏土制造，石墨添加得越多，笔芯则越软，颜色越黑；而黏土添加得越多，笔芯则越硬，颜色越浅。

如果绘画者没有设计基础，铅笔可以用于绘画前期的定框；有艺术基础的绘画者则不需要。如果采用木质铅笔，硬度最好为 2B 的，否则，如果使用笔芯太硬的铅笔容易在纸面上留下划痕，如果使用笔芯太软的铅笔在擦除铅笔稿时容易弄脏画面，如图 1-1 所示。

自动铅笔是指按动压力释放后弹簧可以恢复原位的铅笔，如图 1-2 所示。自动铅笔按铅笔芯直径大小分为粗芯（大于 0.9mm）和细芯（小于 0.9mm）两种，按出芯方式可分为坠芯式、旋转式、脉动式和自动补偿式。在进行绘图时，以选择铅芯 0.5mm 的自动铅笔为佳。建议采用红环或辉柏嘉这两种品牌的自动铅笔。

针管笔是绘制图纸的基本工具之一，能绘制出均匀一致的线条，如图 1-3 所示。它的笔身是钢笔状，笔头是长约 2cm 的中空钢制圆管，里面藏着一条活动细钢针，上下摆动针管笔可以及时清除堵塞笔头的纸纤维。其针管管径的大小决定了所绘线条的宽窄。一次性的针管笔弹性度比较好，可以模拟钢笔效果，出水也比较稳定，特别是日本的樱花牌针管笔作图效果更佳。

图 1-1　铅笔

图 1-2　自动铅笔

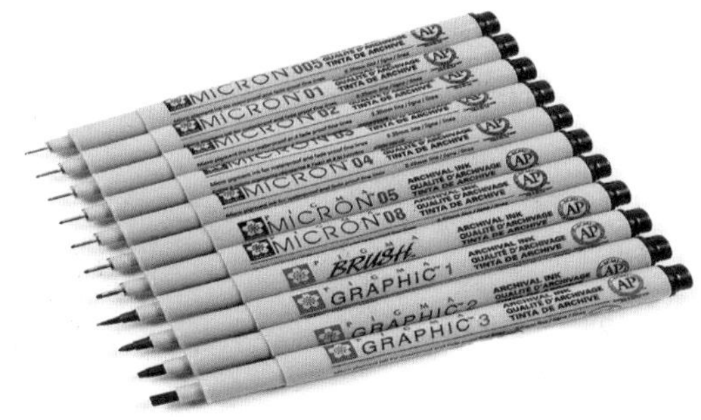

图 1-3　针管笔

签字笔是指专门用于签字或者签样的笔，有水性签字笔和油性签字笔，如图 1-4 所示。以前人们一般用钢笔，现在钢笔逐渐被签字笔代替了。水性签字笔一般用于纸张上，如果用于白板或者样品上，则很容易被擦拭掉；油性签字笔一般用于样品签样或者做其他永久性的记号，笔迹较难被擦除，但可以用酒精等清洗。签字笔因其性价比高而得到广泛使用，适合初学者，人们常用的品牌为晨光签字笔。新的签字笔在使用一段时间后才能磨合出最佳状态。签字或签样时，切勿用圆珠笔或油性笔代替。

纤维笔就是用塑料、纤维等高分子材料制成笔头。纤维笔头是用树脂将合成纤维（主要成分是亚克力、聚酯、尼龙等纤维）粘合起来制作而成的。另外，将纤维和树脂按一定比例搭配在一起，可制作出油性笔、白板笔、荧光笔、签字笔、毛笔等各式各样笔的笔尖。不同的握笔方式能使纤维笔画出不同粗细的线条。握笔的力度不能太重，否则使用一段时间后笔头会磨损、变粗。建议使用晨奇纤维笔，在马克笔上色时用这种笔画出的线稿不会渗色，如图 1-5 所示。

钢笔是人们普遍使用的书写工具，发明于 19 世纪初。笔头由金属制成，书写起来圆滑而有弹性，相当流畅。在笔套口处或笔尖表面，均有明显的商标牌号、型号。钢笔分为蘸水式钢笔和自来水式钢笔、墨囊钢笔。钢笔的品牌众多，价格不等，常见的品牌有凌美（F 笔尖）、红环、百乐、英雄等。挑选钢笔时应选择笔尖精致而柔韧，并且在纸面任何方向运动都不会产生断墨现象的钢笔，如图 1-6 所示。

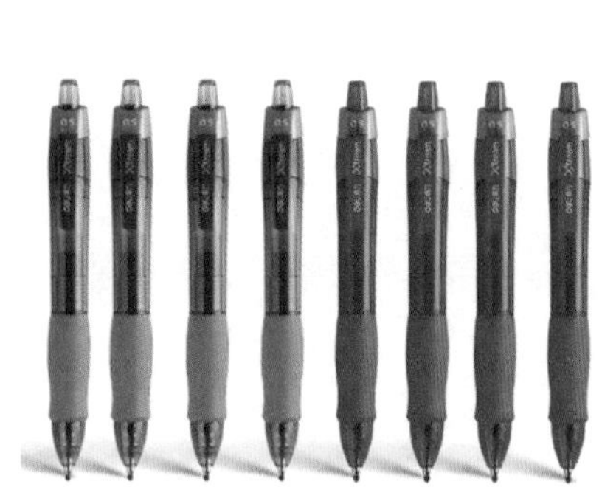

图 1-4　签字笔

图 1-5　纤维笔

图 1-6　钢笔

2．非线稿画笔的选择

1）马克笔

马克笔又称麦克笔，由英文 Maker 音译而来，全称为 Magic Maker，意为具有魔幻般效果的记号笔。原先只是用于读书写字的标记，由于具有色艳、快干，且具有透明感及使用方便等特点，因此已成为一种较为流行的手绘表现图的新工具，并被设计专业设计者广泛接受和使用，如图 1-7 所示。

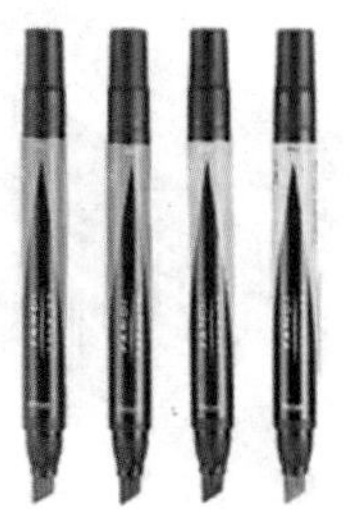

图 1-7　各类马克笔

马克笔因其颜料性质不同，分为油性马克笔、水性马克笔和酒精性马克笔。

（1）油性马克笔是用有机化合物（如二甲苯、酒精等）作为颜料溶剂，因其含有酒精成分，故味道比较刺激，有一定的毒性而且较容易挥发。油性马克笔速干、耐水，而且耐光性相当好，色彩亮丽，颜色多次叠加后表现柔和，不易脏，有较强的渗透力。常用的有美系的犀牛（Rhinos）、AD（图 1-8），以及国产的三福（凡迪）和千彩乐等品牌。

（2）水性马克笔的墨水类似彩色笔，是不含酒精成分的，无刺激性味道，无毒。颜色亮丽、透明度高，颜色多次叠加后会变灰，而且容易伤纸。水性马克笔可溶于水，若用沾水的笔在色彩上涂抹，可获得类似水彩的效果。常用的有日本的美辉（Marvy）、吴竹（ZG）及国产的遵爵（图 1-9）等品牌。

（3）酒精性马克笔可在任何光滑的表面书写，具有速干、防水、环保的特点，可用于绘图、书写、做记号等，它的主要成分是染料、变性酒精、树脂。现在市面上较为常用的是酒精性马克笔，它兼具水性和油性马克笔的优点，易干，耐水，耐光性相当好，颜色可多次叠加，不会伤纸，颜色比较鲜艳。例如，德国 iMark、日本的 copic、韩国的 Touch、国产的法卡勒和斯塔（图 1-10）等品牌的酒精性马克笔是国内外设计院校较为常用的。要注意的是，酒精性马克笔应于通风良好处使用，使用完要盖紧笔帽，且要远离火源并防止日晒。

图 1-8　AD　　图 1-9　遵爵　　图 1-10　斯塔

在绘图中该如何选择马克笔呢？

马克笔种类繁多，在颜色纯度、价格、质量等方面有极大的差别，所以在马克笔的选择上要有考虑。可以考虑选择韩国 Touch 马克笔和国产的斯塔等，因为它们有大、小两个笔头，水量饱满，颜色未干时可以叠加，颜色会自然融合衔接，有很好的表现效果。它们也是初学者常用的马克笔，而且价格便宜。

马克笔有许多的颜色，且根据不同表现形式有色彩差别，如用于建筑、环艺、人物漫画等。马克笔是一种极佳的上色工具，重复上色也不会混合。一般建议绘图时准备 50 色左右。

其实，马克笔本来就是展现笔触的画材工具，不只是颜色，还有笔头的形状、平涂的形状和面积的大小，都可以展现不同的表现方法。为了能够自由地表现点、线、面，所以最好各种种类的马克笔都要准备，初学者使用有两个笔头的马克笔相对容易上手。

2）彩色铅笔

彩色铅笔（图 1-11）分为水溶性和蜡性两种。彩色铅笔也是一种常用的效果图辅助表现工具，色彩齐全，刻画细节能力强，色彩细腻丰富，便于携带且容易掌握。彩色铅笔弥补了马克笔颜色不齐全的缺憾。推荐选择 36 色或 48 色水溶性的彩色铅笔。

图 1-11　彩色铅笔

1.1.2　纸张的选择

草图纸也称白报纸，这种纸画出的效果比较好。复印纸比较难表现，因为它的正面比较光滑，在运笔的速度上比较难把握，这种纸的背面特别粗糙，绘画的时候感觉下面像垫着海绵，无形之中运笔速度就会变慢，画出的线条会晕开，从而导致画出的线条变得厚重。建议大家刚开始练习时用草图纸，有了一定的绘画基础再用复印纸就比较好把握。这两种纸结合使用，能得到更佳的效果。

在选择纸张时，普通 A4 纸以大于 80g 为最佳，它可以作为线稿用纸，能够加快运线速度，如图 1-12 所示。

80g 的 A3 复印纸，尤其是进口的，纸面光滑、洁白，常用于马克笔上色，如图 1-13 所示。

图 1-12　草图纸

图 1-13　进口复印纸

1.1.3　其他工具

在作图的过程中，有时需要画一些直的线条，此时尺子就可以发挥作用了。尺子又称量尺，是用来画线段（尤其是直的）及度量长度的工具。尺子上有刻度，有些尺子在中间留有特殊形状（如字母或圆形）的洞，方便使用者画图。尺子通常以塑胶、铁、不锈钢、有机玻璃等材料制造，一般分为卷尺、游标卡尺、直尺等。其他的绘图辅助工具有比例尺、滚尺、丁字尺、三角尺、曲线板、图板、橡皮、透明胶带、高光笔、裁纸刀等，如图 1-14 所示。

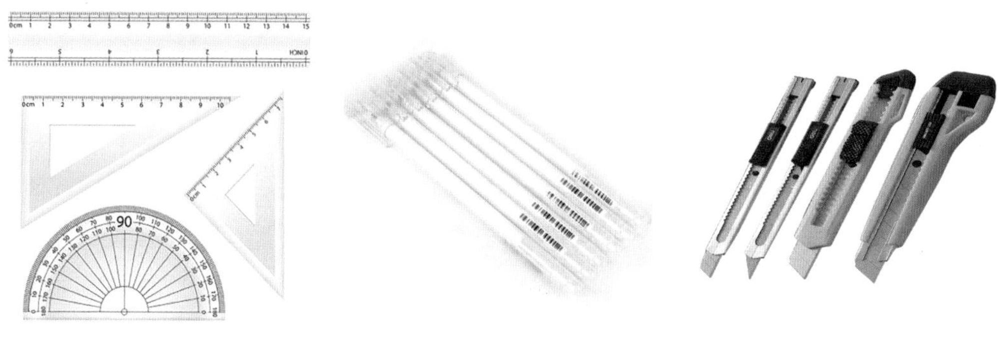

图 1-14　尺子、高光笔、裁纸刀

1.2　景观线条的绘制

1.2.1　景观线条基础练习与应用

线条是景观手绘表现的根本，是手绘中最基础、最重要的部分，学习手绘的第一课都是练习线条，练习形式可以不限。画线条不仅是一种绘画技巧，也是设计手绘表现的基本语言和表现形式，在学习手绘之前就要对它进行了解，所以练习好画线条是开始手绘的根本，是学习手绘不可缺少的步骤，如图 1-15 所示。

图 1-15　线条

在景观手绘表现中，线条的表现形式有很多种，常见的有直线、曲线、抖线等。下面对这几种线条进行简单的介绍。

1. 直线

直线是点在同一空间沿相同或相反方向运动的轨迹，其两端都没有端点，可以向两端无限延伸。在手绘中，所画的直线有端点，类似于线段，这样画是为了线条的美观和体现虚实变化。直线的特点是笔直、刚硬。手绘表现中直线的“直”并不是说像尺子画出来的线条那样直，只要视觉上感觉相对直就可以了。同时，手绘直线也需要注意以下绘制技巧。

(1) 线应该保证两头重中间轻，如图 1-16 所示。

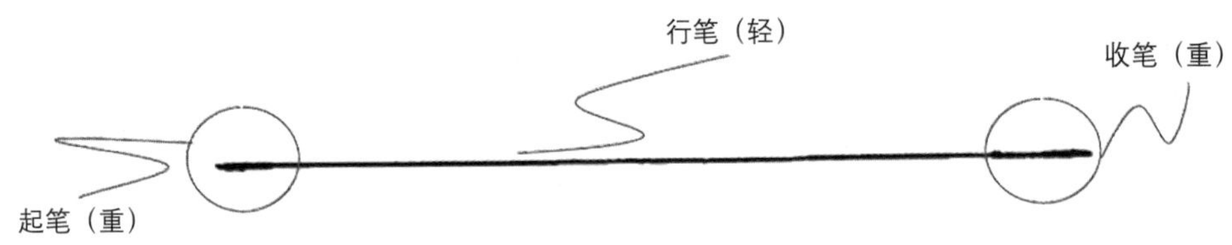

图 1-16　绘制线条（1）

(2) 线条要保证整体的趋势是直的，可局部弯曲，如图 1-17 所示。

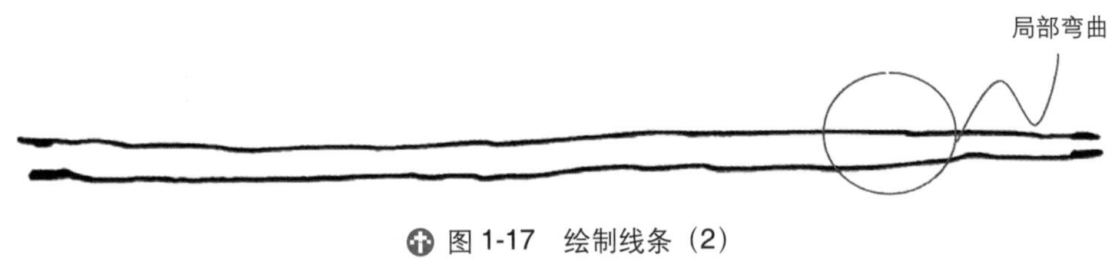

图 1-17　绘制线条（2）

(3) 较短的线条可以一次绘制，长线条可以适当分段绘制，如图 1-18 所示。

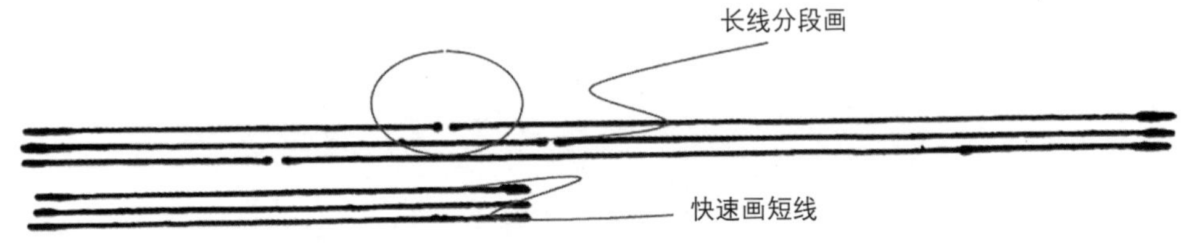

图 1-18　绘制线条（3）

(4) 线条相接处应保证出头，但不可出头过长，如图 1-19 所示。

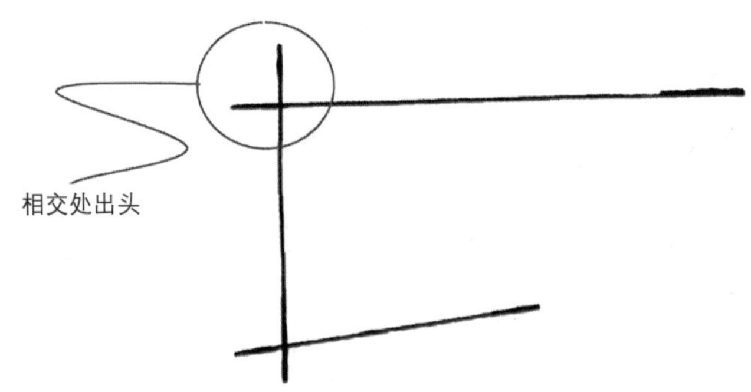

图 1-19　绘制线条（4）

手绘直线时需要避免的错误如下。

（1）多次重复绘制一段线条，如图 1-20 所示。

图 1-20　重复绘制一段线条

（2）线条收笔不及时，尾端带有小钩，如图 1-21 所示。

（3）线条过碎，一段线条分多次绘制，如图 1-22 所示。

图 1-21　线条尾端带有小钩

图 1-22　线条过碎

直线的练习方法有很多，我们可以先单独绘制线条，在有了韵律感后可以限定一块区域练习各个方向的排线。在练习排线的过程中，要注意两头齐，线条要密集、速度要快，忌断线，方法要正确，练习量要多。最后，画直线时需将力度均匀分配到整个手臂，整个手臂要整体向右拖动。注意，一定要放松心情，画错了也不要太在意，还有不要憋着一口气画，这样的方法是错误的。一定要在心情比较平静时作图，这样不容易失败，如图 1-23 所示。

图 1-23　直线练习

2. 曲线

曲线是非常灵活且富有动感的一种线条。画曲线一定要灵活自如。曲线在手绘中也是很常用的线型，它体现了整个表现过程中活跃的因素。在运用曲线时一定要强调曲线的弹性、张力。在练习曲线的过程中应注意运笔的笔法，多练习中锋运笔、侧锋运笔、逆锋运笔，从中体会不同运笔带来的效果。练习画曲线、折线时，应放松心情，这样画出的线才能达到行云流水的效果，从而赋予线条生动的灵活性，如图 1-24 所示。

3. 抖线

抖线是笔随着手的抖动而绘制的一种线条，其特点是变化丰富，机动灵活，生动活泼。抖线讲究的是自然流畅，即使断开，也要从视觉上给人连续的感觉。

抖线可以排列得较为工整，通过抖线的有序排列可以形成疏密不同的面，并组成画面中的光影关系。抖线可以穿插于各种线条之中，与其他线型组织在一起构成空间的效果，如图 1-25 所示。

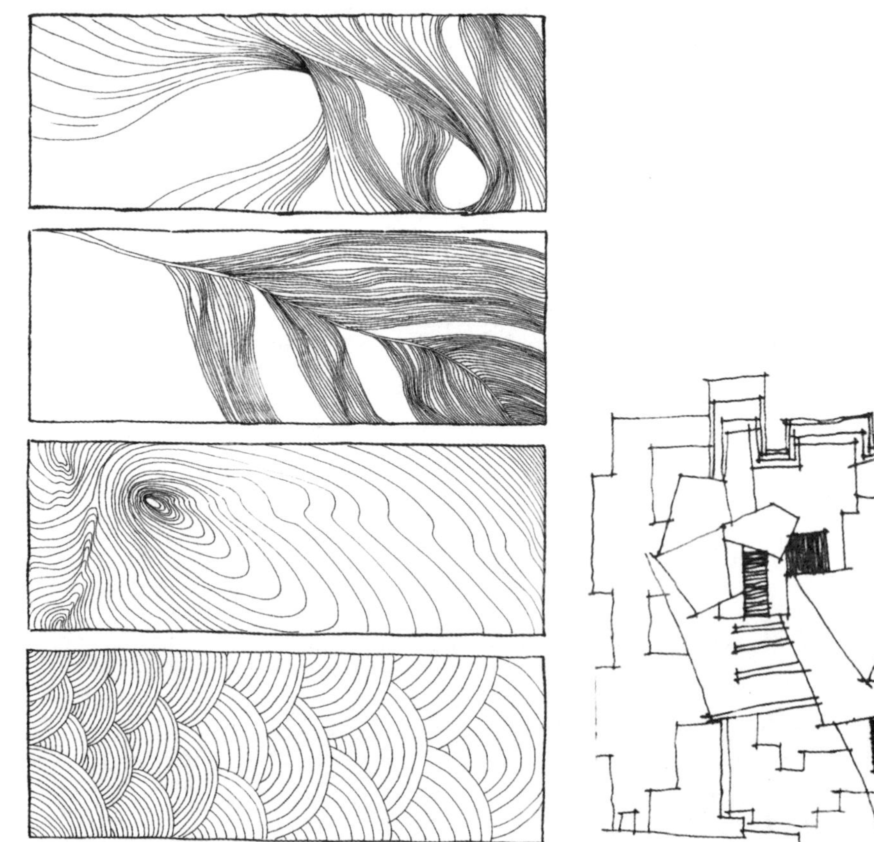

图 1-24　曲线练习

图 1-25　抖线练习

4. 乱线

乱线也叫植物线，画线的时候尽量采取手指与手腕相结合摆动的方式。乱线的表现方式有很多种，常见的有以下几种，如图 1-26 所示。

(1)“几”字形线条用笔相对硬朗，常用于绘制前景树木的收边树。

(2)“U”字形线条用笔比较随意，常用于绘制远景植物。

(3)“m”字形线条用笔比较常见，常用于绘制平面树群。

(4)“针叶”形线条用笔要按树叶的肌理进行绘制，注意其连贯性与疏密性，常用于绘制前景收边树。

“几”字形线条

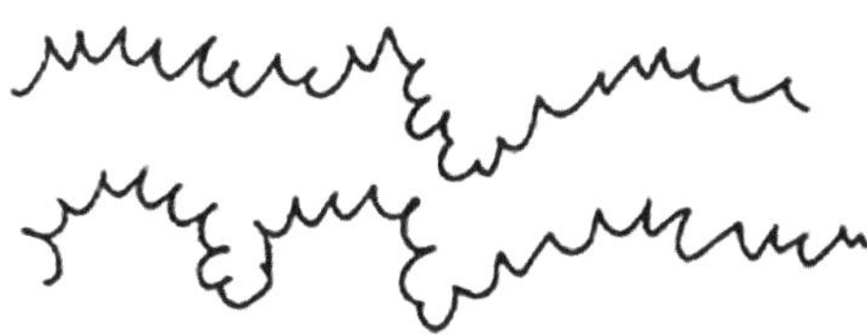

“U”字形线条

“m”字形线条

“针叶”形线条

图 1-26　乱线练习

1.2.2　正确姿势

除了握笔和运笔外，良好的坐姿也很重要。在表现一张手绘图时，要求头正、肩平，胸稍挺起，身体稍微前倾，保证眼睛视线与纸面保持 90°；腰要挺直，使眼睛与画面之间保持一定的距离，这样有利于观察画面的整体；双肩自然下垂，尽可能地放松下来，手臂能够自然地来回摆动，如图 1-27 所示。

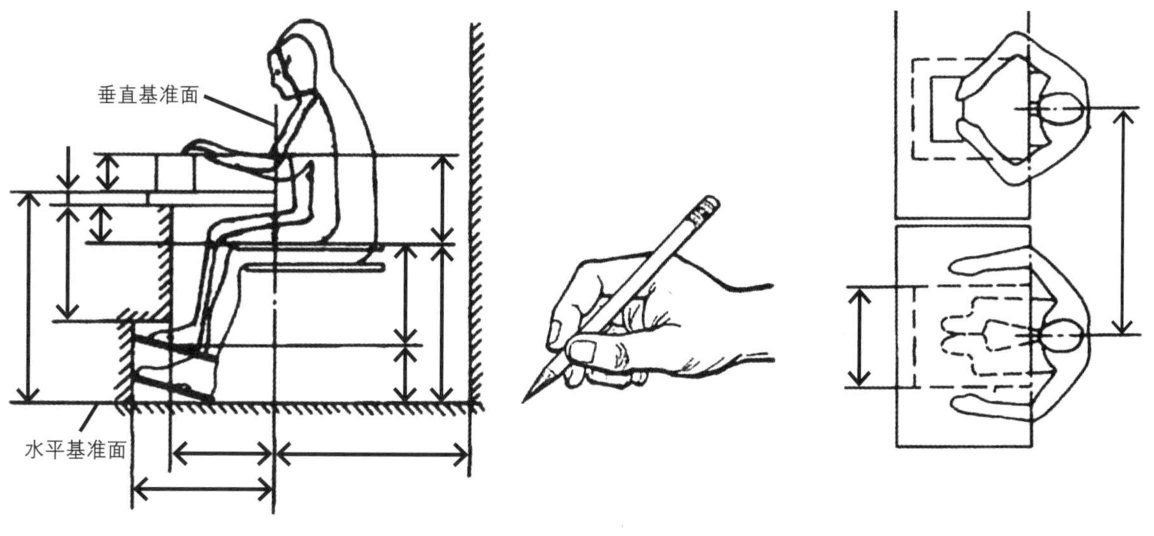

图 1-27　坐姿

1.2.3　不同材质表现

材质表现在线稿画面中是区分体块间关系的媒介，不同的材质在线条上的表达各不相同，对材质的明暗关系处理要有虚实变化。材质的搭配应根据实际情况来定，在画面的处理中可以根据需要进行调整，如图 1-28 所示。

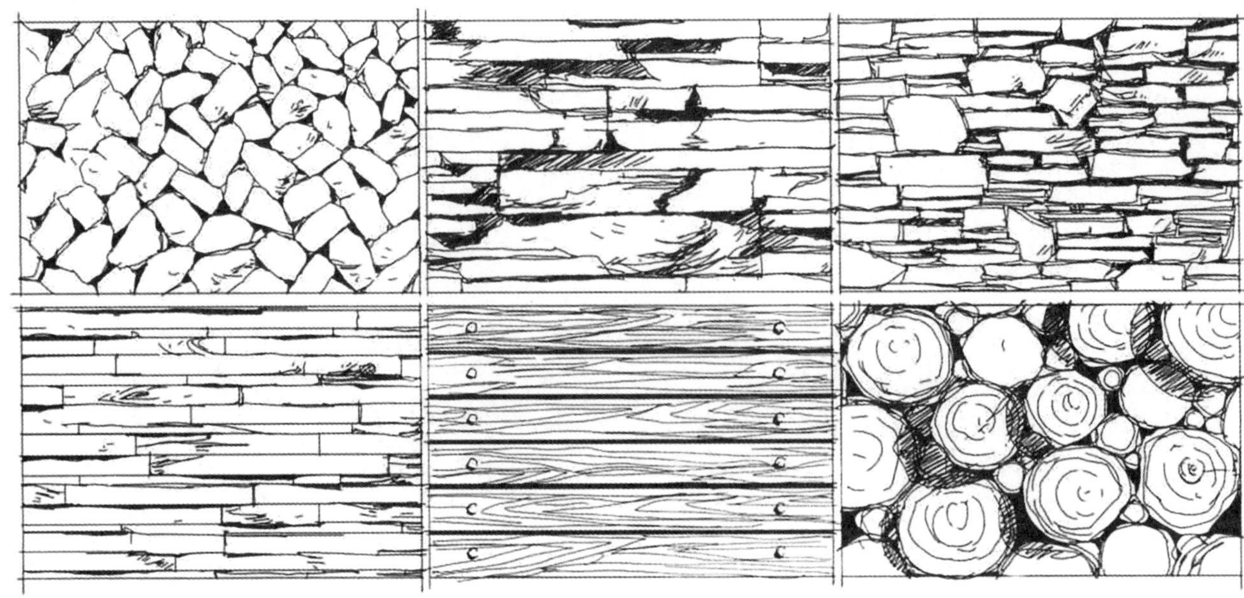

图 1-28　不同材质的表现

1.3　明暗阴影表达

有光线的地方就会有阴影出现，两者是相互依存的。反之，我们可以根据阴影来寻找光源和光线的方向，从而表现一个物体的明暗调子。

首先要对对象的形体结构有正确认识和理解。因为光线可以改变影子的方向和大小，但是不能改变物体的形态、结构。物体并不是规则的几何体，所以各个面的朝向不同，色调、色差、明暗都会有变化。有了光影变化，手绘表现才有了多样性和偶然性。因此我们必须抓住形成物体结构的基本形状，即物体受光后出现受光部分和背光部分以及中间层次的灰色，也就是我们经常所说的三大面。亮面、暗面、灰面就是光影与明暗造型中的三大面，它是三维物体造型的基础。尽管如此，三大面在黑、白、灰关系上也不是一成不变的。亮面中有最亮部和次亮部的区别，暗面中有最暗部和次暗部的区别，而灰面中有浅灰部和深灰部的区别。

光影、明暗的对比是形象构成的重要手段。光影、明暗关系是因光线的作用而形成，光影效果可以帮助人们感受对象的体积、质感和形状。在手绘效果图中，利用光影现象可以更真实地表现场景效果，如图 1-29 所示。

图 1-29　光影表达

1.3.1　线条表达

手绘画面的色调可以用粗细、浓淡、疏密不同的线条来表现，绘画时应注意颜色的过渡。不同线条、不同方向的排列组合，给人不同的视觉感受。画面中的黑、白是指画面颜色明度所构成的明度等级，并不是单指画面中的纯黑、纯白，而是相比较而言。因此，在绘画作品中的黑、白是相对而言的，如图 1-30 所示。

图 1-30　线条表达

光影与明暗的方法如下。

1. 单线排列

单线排列是画阴影时最常用的处理方法，从技法上来讲就是把线条排列整齐。注意线条的首尾咬合，物体的边缘线相交，线条之间的间距尽量均衡，如图 1-31 所示。

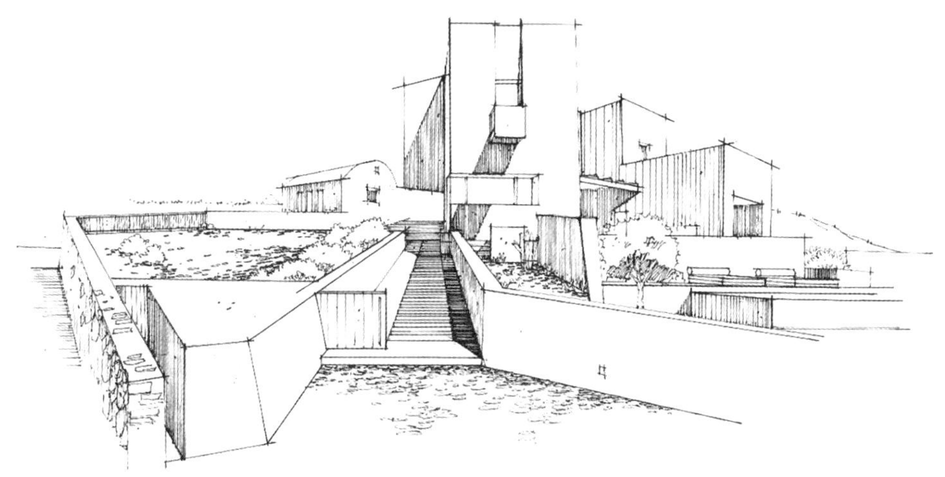

图 1-31　单线排列

2. 线条组合排列

组合排列是在单线排列的基础上叠加另一层线条排列的结果，这种方法一般会在区分块面关系的时候用到，叠加的那层线条不要和第一层单线方向一致，而且线条的形式也要有所变化，如图 1-32 所示。

图 1-32 线条组合排列

3. 线条随意排列

这里所说的随意，并不是放纵的意思，而是线条在追求整体效果的同时，变得更加灵活一些，如图 1-33 所示。

1.3.2 线与点的结合表现

在手绘表现中，点与线结合的表现也是一种常用的方式。手绘图中用点来表现光影有很好的效果，但是耗时比较长，用的频率也较少。而用点画法配合线画法来表现画面的光影与明暗，通常可以达到事半功倍的效果，如图 1-34 所示。

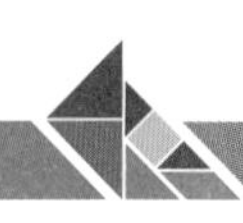

图 1-33　线条随意排列

图 1-34　光影表现

1.4 小　结

本章概括讲述了景观块体手绘线稿的入门知识，从景观绘图工具的介绍与选择、景观线条基础的练习、景观形体的表达及景观的明暗阴影表达四个方面逐层深化，为景观快题的刻画打下坚实的基础。本章首先介绍了各种各样的绘图工具，并对具体工具的具体应用做了解释与分析，工具的选择是基础中的基础，直接影响线条的形成；其次对绘图的姿势与具体材质的表达做了介绍，良好的习惯对绘图很有帮助；再次对基本的景观单体与组合方式做了分析，从勾勒体块到完成线稿一步一步做了介绍；最后是明暗与阴影的表达，这直接影响景观的透视关系，这是最直接地呈现在人们视觉上的效果。正所谓万丈高楼从地起，基础是我们刚开始学习的重点，好的基础就意味着能有更好的景观快题表达，对今后的绘图百利而无一害。

1.5 课堂练习

（1）完成一幅 A4 直线线稿。

（2）完成一幅 A4 抖线线稿。

（3）完成一幅 A4 曲线线稿。

第 2 章
常用景观元素线稿表现详解

2.1　景观植物表现

植物作为景观中重要的配景元素，在景观设计中占的比例非常大，植物的表现是景观手绘表现中不可缺少的一部分。自然界中的花草树木千姿百态，各具特色，各种树木的枝、干、冠等决定了其形态特征。因此学画树之前，首先要观察树木的形态特征以及与各部分的关系，了解树木的外轮廓形状，学会对形体的概括。初学者在临摹过程中要做到手到、眼到、心到，学习别人在树形的概括和质感的表现处理上的手法与技巧，只有熟练地掌握不同植物的形态，画的时候才能下笔有神。

在景观设计中运用较为广泛的植物主要分为乔木、灌木、草本、棕榈四类。每一种植物的生长习性不同，造型各异。植物对于画面表达的影响较大，需要重点练习。

2.1.1　植物的近景、中景和远景的表现

因植物在画面中前后关系不尽相同，我们一般将植物分为三类，即近景植物、中景植物和远景植物。了解和熟练的表达出这三类植物的特点，可以帮助我们表现画面的层次感，对于我们的构图也很有帮助。

在刻画不同场景的植物时需要注意其对应的特征，并且在表达过程中需要处理好植物与植物之间的过渡部分。

1．近景的树

一般前景的树在表现时应突出形体概念，更多的时候只需要画出植物的局部以完善构图收尾之用，详细表达如图 2-1 所示。表现过程中需要注意以下几点。

（1）位置应偏向画面的一边，不可居中。

（2）枝叶的粗细应当明确。

（3）黑、白、灰关系应当明确。

（4）前后关系的表现应当突出。

2．远景的树

远景的树在刻画时一般采取概括的手法，要表达出整体关系，体现出树的形体。表现时应当保持结构清晰、体块明确和枝叶简约。

图 2-1　近景树表达要点

3．中景的树

画中景的树时需要刻画详细，以表现出其穿插的关系，应做到以下几点，如图 2-2 所示。

（1）清楚地表现枝、干、根各自的转折关系。

（2）画枝干时注意上下多曲折，忌用单线。

（3）嫩叶、小树用笔可快速灵活，树结构多，曲折大，应描绘出其苍老感。

（4）树枝表现应有节奏美感，“树分四枝”指的就是一棵树应该有前、后、左、右四面伸展枝丫，才有立体感。

图 2-2　中景和远景树表达要点

在把握基本的表达要点的基础上，我们需要多加练习才能充分理解各个要点对于画面表达的作用，如图 2-3 ~ 图 2-5 所示。

2.1.2　乔木的表现

乔木是指树身高大的树木，由根部生长出独立的主干，树干和树冠有明显的区分，与低矮的灌木相对应。杨树、槐树、松树、柳树等都属于乔木类。同时按落叶与否分为落叶乔木、常绿乔木；按其高度又可分为伟乔、大乔、中乔、小乔。乔木在景观设计中是最常用的植物之一，它无论在功能上还是艺术处理上都起着主导作用，可以界定空间、提供绿荫、调节气候等。

图 2-3　前景植物的表现

图 2-4　远景植物的表现

图 2-5　近景植物的表现

在画乔木之前，可以先把它当成一个体块关系来分解，从而更容易地理解它的穿插构造，然后再画乔木就会很轻松，如图 2-6 和图 2-7 所示。

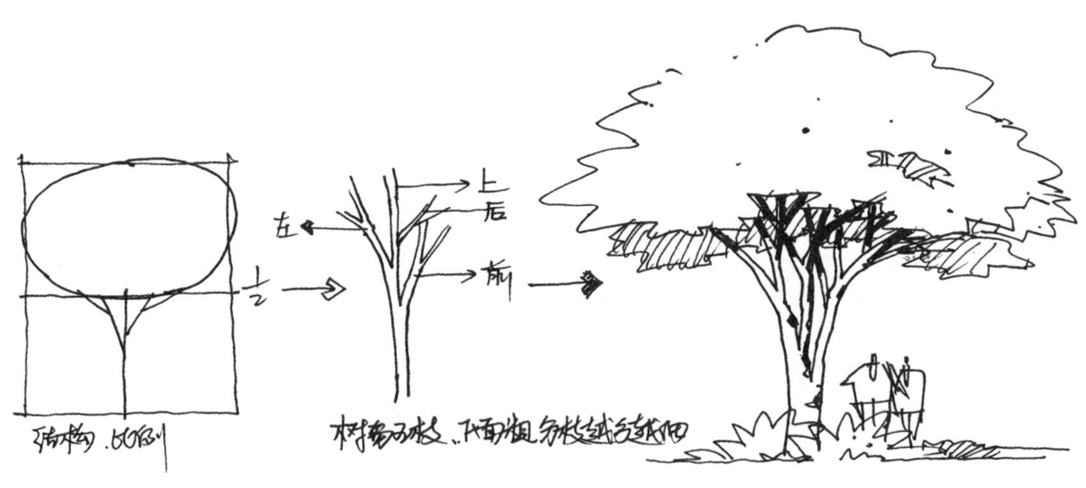

图 2-6　乔木的表现步骤（1）

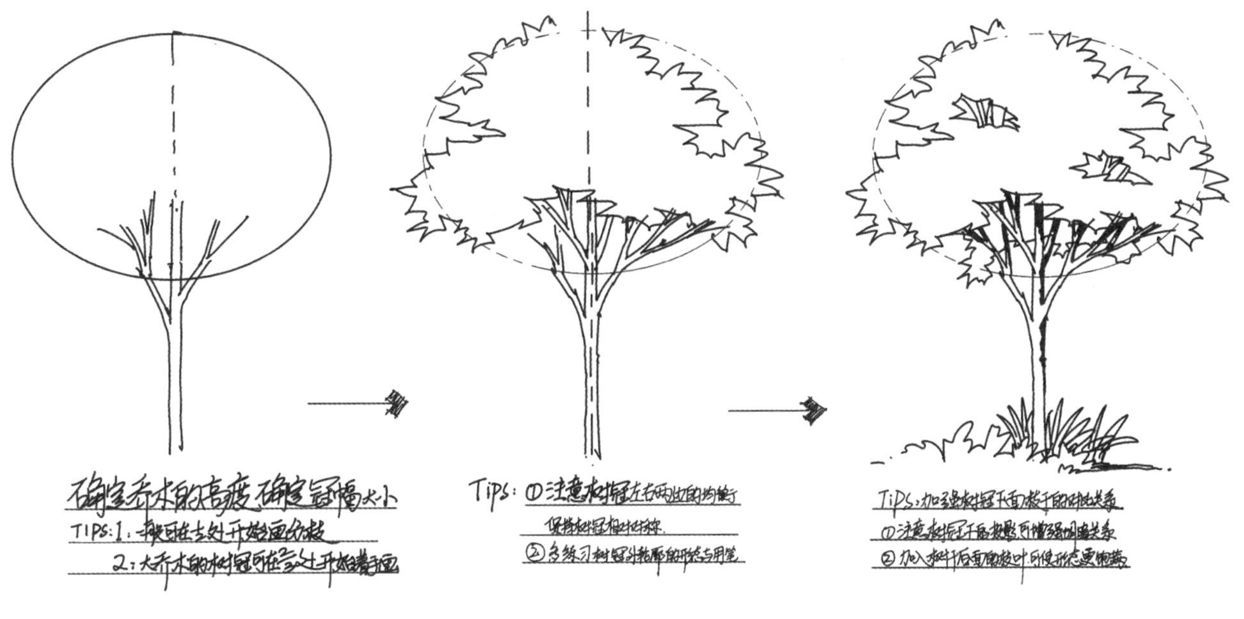

图 2-7　乔木的表现步骤（2）

树的体积感是由茂密的树叶所形成的。在光线的照射下，迎光的一面最亮，背光的一面则比较暗。里层的枝叶由于处于阴影之中，所以最暗。自然界中的树木明暗很丰富，应概括为黑、白、灰三个层次关系。在手绘草图中，树木只作为配景，明暗不宜变化过多，不然会喧宾夺主，如图 2-8 所示。

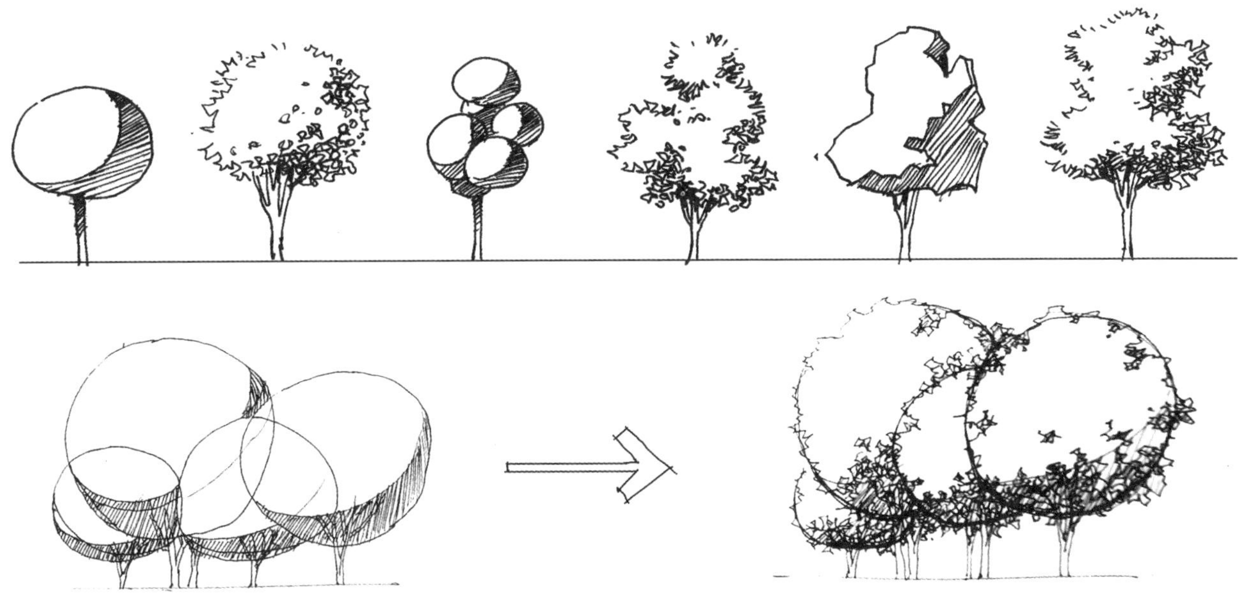

图 2-8　乔木的明暗关系概括

一般画乔木分为五个部分：干、枝、叶、梢、根，从树的形态特征看有缠枝、分枝、细裂、节疤等，树叶有互生、对生的区别。了解这些基本的特征规律后，利于我们快速地进行表现，画树先画树干，树干是构成整体树木的框架，注重枝干的分枝习性，合理安排主干与次干的疏密布局安排，如图 2-9 所示。

在掌握乔木的基本表达方法后，就可以参照相关案例来模仿刻画不同类型的乔木，熟练之后也可以尝试复杂树木的刻画，如图 2-10 和图 2-11 所示。

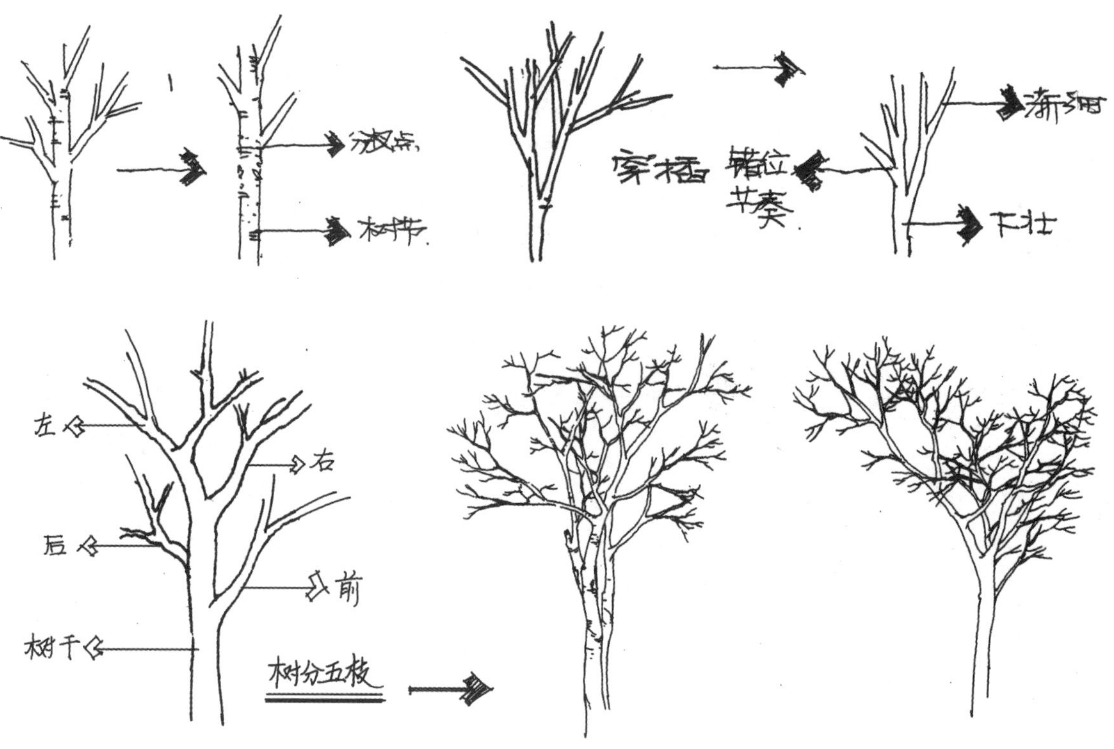

图 2-9　乔木的枝干结构表达

图 2-10　不同类型的树木（1）

图 2-11　不同类型的树木（2）

2.1.3　灌木的表现

灌木和乔木都属于木本植物，但灌木的植株相对矮小，没有明显的主干，呈丛生状态。一般可分为观花、观果、观枝干等几类，是矮小而丛生的木本植物。常见的灌木有女贞、黄杨、沙地柏、连翘、迎春、月季、荆棘、沙柳等。

灌木形态多变，线条讲究轻松灵活，在这个阶段需要多练习、多感受。首先来看不同线条的练习与运用，详细表达如图 2-12 所示。

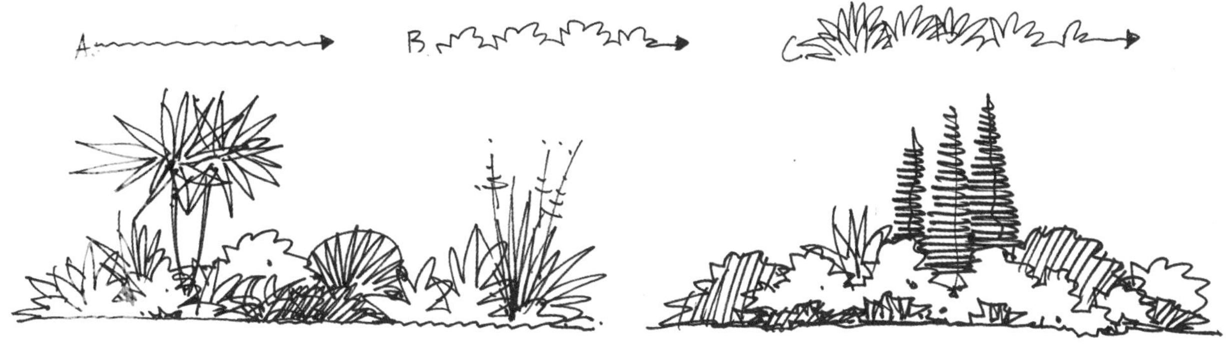

图 2-12　不同线条的练习与运用

单株的灌木画法与乔木相同，只是没有明显的主干，而是近地处枝干丛生，详细画法如图 2-13 ～图 2-15 所示。灌木通常以成片种植为主，有自然式种植和规则式种植两种，多株的画法大同小异，注意疏密虚实的变化，应进行分块，抓大关系，切忌琐碎，如图 2-16 所示。

图 2-13　单株灌木的表现步骤（1）

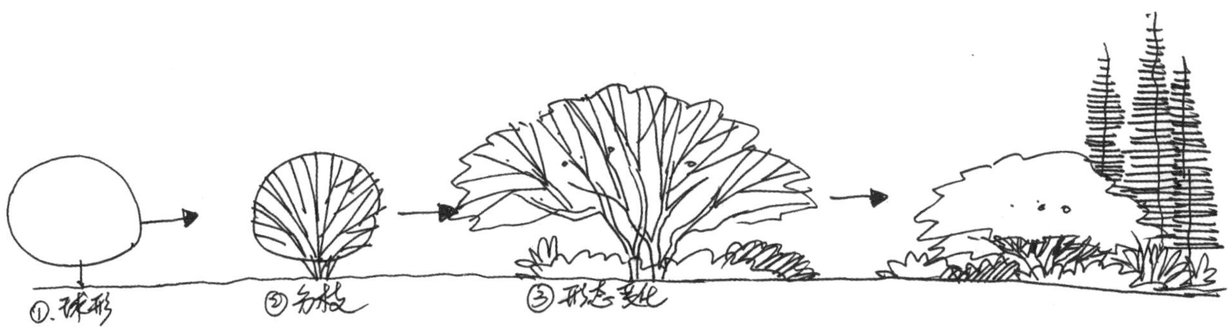

图 2-14　单株灌木的表现步骤（2）

作为低矮的树丛，灌木可以起到分隔空间、丰富景观的作用，因此在景观表达中较为常用。而不同类型的灌木可以丰富画面的表达，在练习过程中我们可以多加尝试，参考不同风格、不同类型的灌木表达，如图 2-17 所示。

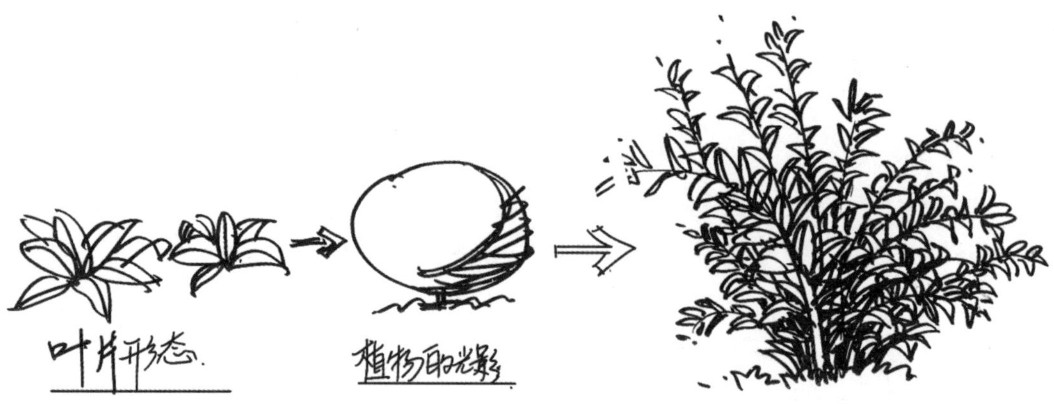

图 2-15　单株灌木的表现步骤（3）

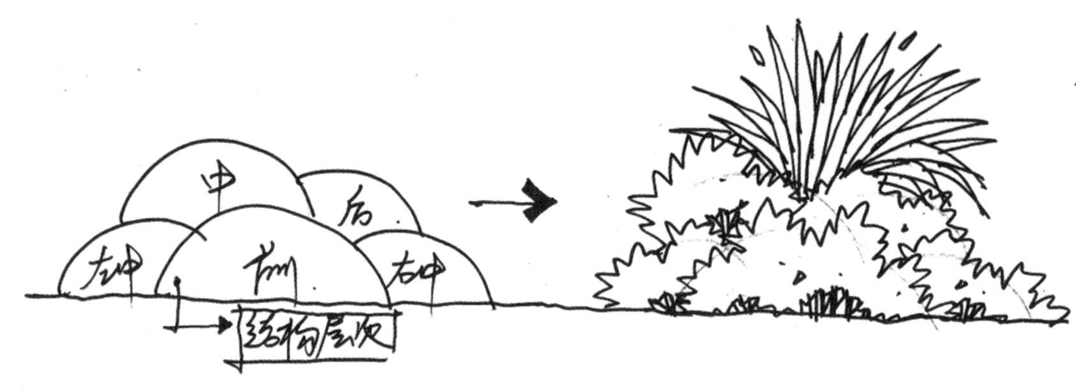

图 2-16　多株灌木的表现步骤

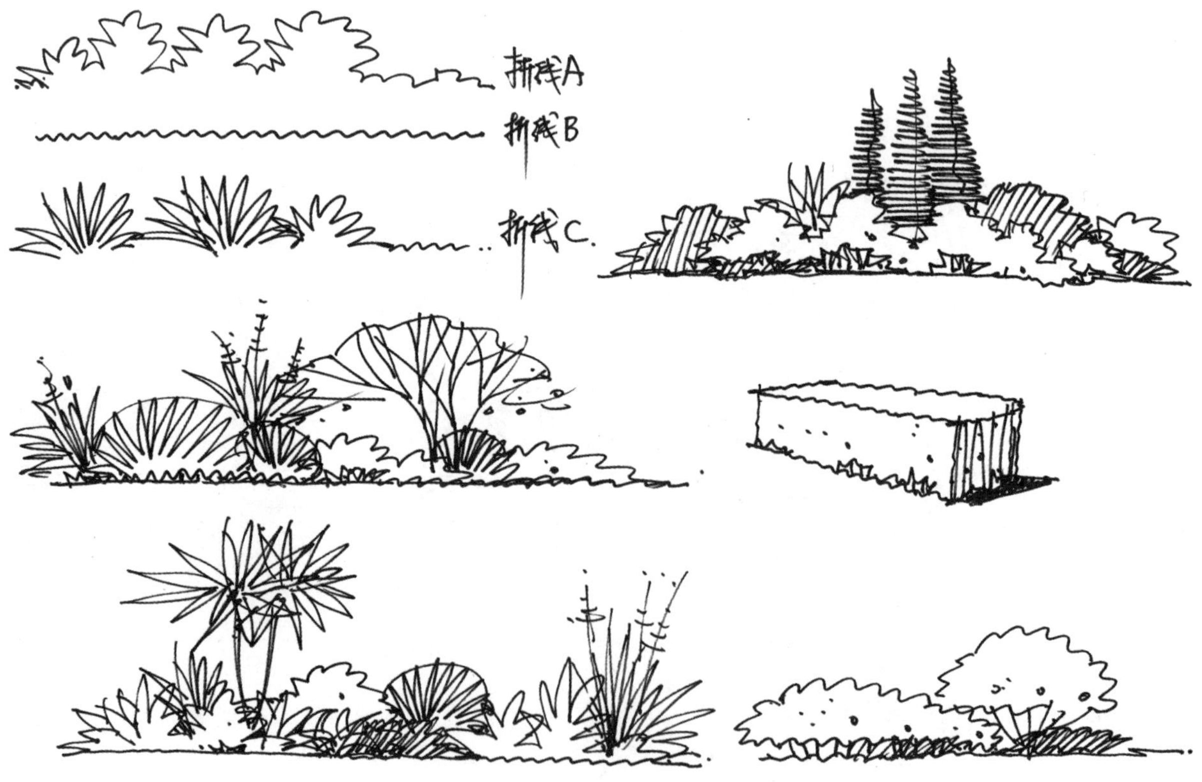

图 2-17　不同的灌木表现

2.1.4　草本植物的表现

草本植物与木本植物（树）最直接的区分就是木本的内芯坚硬，草本植物的茎是草质茎。基本上重要的粮食作物都是草本植物。设计中常用到的草本植物有竹子、菊花、兰花、荷花、君子兰、芦苇、麦子、仙人掌、郁金香、爬山虎、向日葵等。

若花草作为前景时，则需要就其形态特征进行深入刻画，要尽量表达出叶片之间的结构关系和遮挡关系，如图 2-18 和图 2-19 所示；若作为远景可以稍微带过。表现草坪时要注意它在画面中的虚实空间感，还要表现一些结构，让草坪有厚度感，如图 2-20 所示。

图 2-18　花草表现的步骤（1）

图 2-19　花草表现的步骤（2）

草本植物根据其生长规律，大致可以分为直立型、丛生型、攀缘型等几种，表现时注意画大的轮廓以及边缘的处理可若隐若现，边缘处理不可太呆板，如图 2-21 所示。

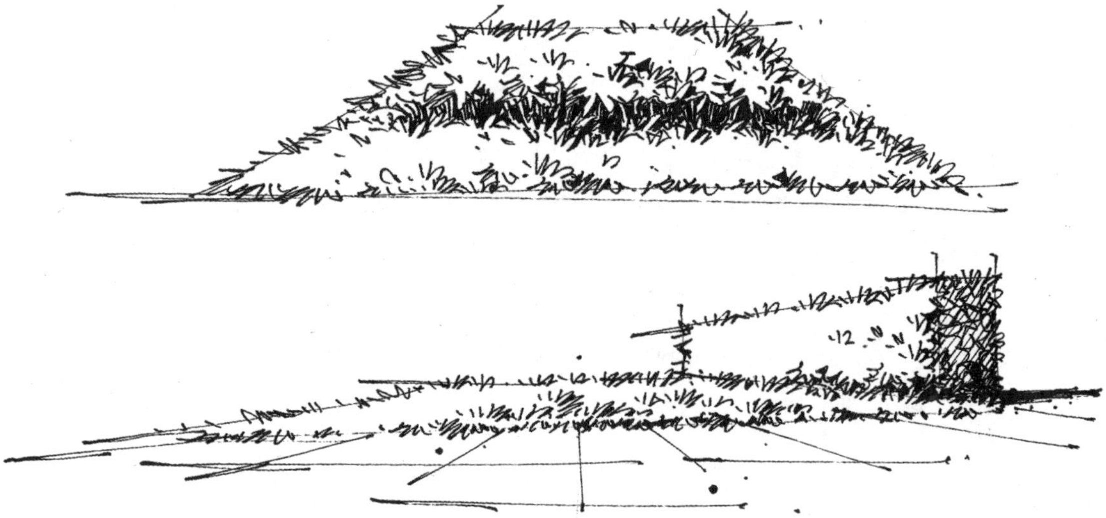

图 2-20　草地的表现

图 2-21　不同草本植物的表现

2.1.5　棕榈科植物的表现

棕榈科植物是单子叶植物中唯一具有乔木习性的，但部分属于乔木，也有少数属于灌木或藤本植物。因为画法和乔木有很大不同，所以要单独列出来讲解。设计中常用到的有丝葵、蒲葵、海枣、槟榔、大王椰子、酒瓶椰子、刺葵、散尾葵等。

棕榈植物的叶片多聚生茎顶，形成独特的树冠，一般每长出一片新叶，就会有一片老叶自然脱落或枯干。在表达过程中我们需要了解植物的特征，熟悉其生长结构，最后能对其形体进行简要概括，如图 2-22 所示。

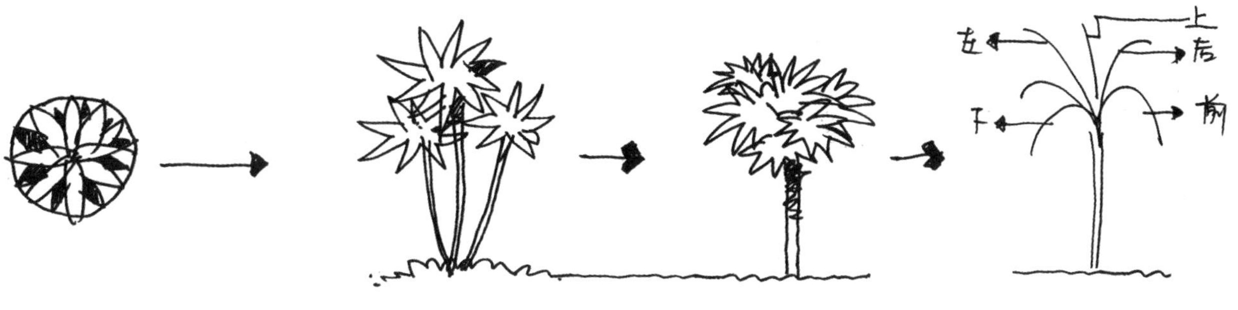

图 2-22　特征结构分析

表现的要点如图 2-23 ～图 2-26 所示。

（1）根据生长形态把基本骨架勾画出来，根据骨架的生长规律画出植物叶片的详细形态。

（2）在完成基本的骨架之后，开始进行植物形态与细节的刻画。

（3）注意树冠与树枝之间的比例关系。

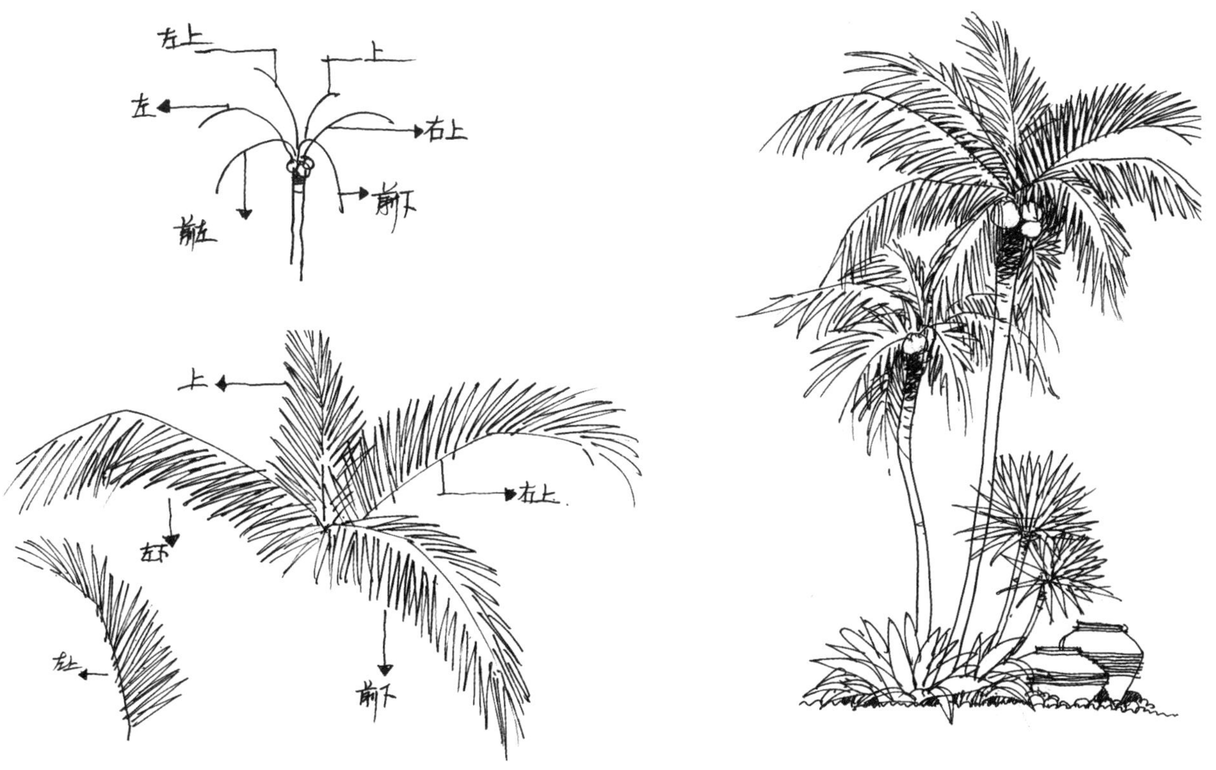

图 2-23　棕榈叶片表现解析

2.1.6　植物的组合表现

一般在园林景观设计中植物都是以组合种植的形式出现，由不同的功能来组织植物在场景里的搭配形式。熟悉了植物配置的功能作用后，可以设计出多种多样的植物组合形式。作为效果图配景的一部分，对植物的刻画不同于风景写生，需要进行一定的简化，使之融入画面。

在手绘图中，各种不同的花草树木种类繁多且形态各异，可以给空间带来诸多活力，是效果图表现的一个重要内容，在构图方面也可以起到衬托主体、协调画面平衡的作用。

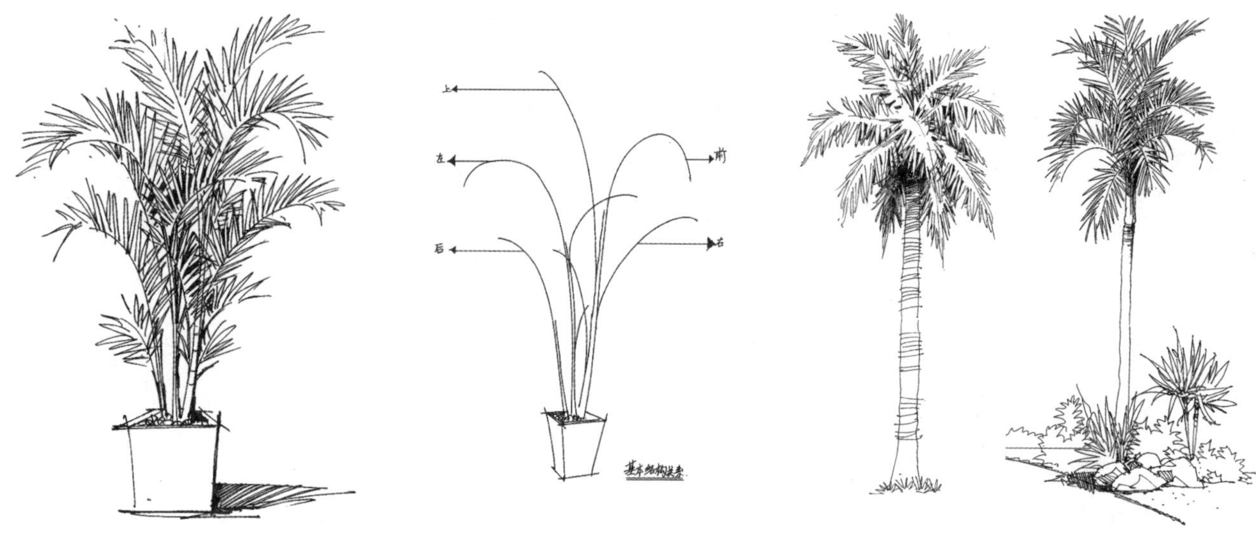

图 2-24　棕榈生长结构表达

图 2-25　不同种类的叶片表达

图 2-26　棕榈组合表达

1. 植物组合的基本处理手法

当植物组合内容过多时，我们需要把它们概括归纳为几何形态，如图 2-27 所示。以单独的树为例，画树先画枝干，树干具有向空间四周伸展的生长规律，而树的明暗关系是建立在对几何明暗规律理解的基础上，再重点刻画树的边缘和明暗交界处的树叶。同样，植物组合无非就是先确定不同的几何体块，用以区分不同的单体植物，然后再去刻画相应的单体上的植物特征细节，并在单体与单体交接的地方做一些区分处理，如图 2-28 和图 2-29 所示。

2. 构图位置的安排

近景植物的安排在视点上会偏向一边，容易吸引视线，可以调整因画面体量不同所产生的失衡，形成视觉心理上的稳定感。而中远景植物尽管在处理上相对较弱，但也要考虑其位置所起的画面平衡作用，如图 2-30 ～ 图 2-32 所示。

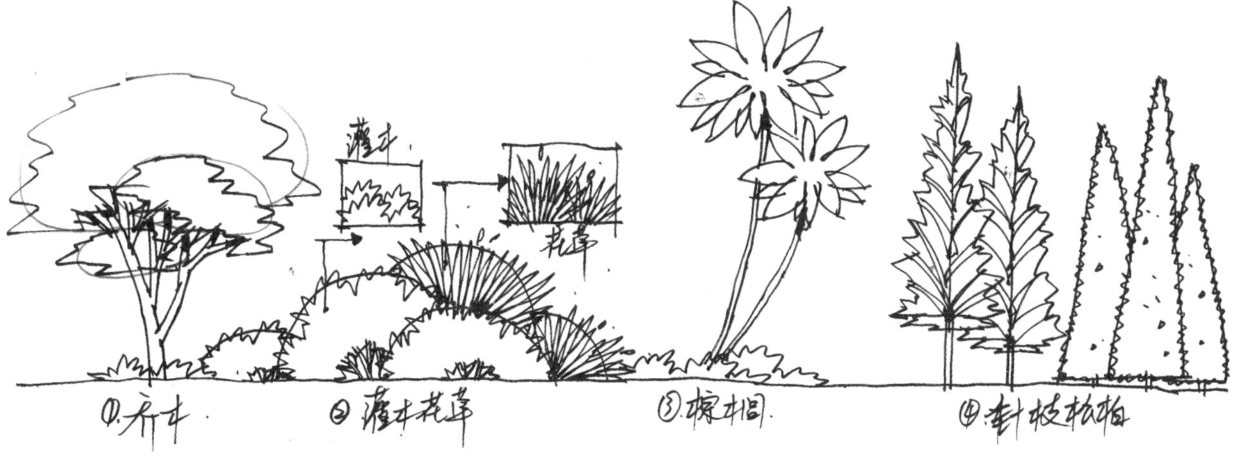

图 2-27　组合植物的基本形

图 2-28　植物的组合表现（1）

图 2-29　植物的组合表现（2）

图 2-30 植物组合的构图特点

图 2-31 植物的组合表现（3）

图 2-32 植物的组合表现（4）

3．刻画程度的把握

近景的植物刻画要深入，大到植物的枝干穿插，小到枝叶重叠，都应该表现得淋漓尽致。植物的形体选择要考虑特定空间的功能需要，讲究错落有致和形状的变化，远景植物因其位置靠后，枝叶不必过多刻画，表现上可以概括从简，如图 2-33 和图 2-34 所示。

图 2-33　植物的组合表现（5）

图 2-34　植物的组合表现（6）

2.2 景观山石表现

石是园林构景的重要素材，如何表现这些构景元素，是园林景观设计学习的重要部分。石的种类很多，中国园林常用的石有太湖石、黄石、青石、石笋、花岗石、木化石等。不同石材的质感、色泽、纹理、形态等特性都不一样，因此，画法也各有特点。

山石表现要根据结构纹理特点进行描绘，通过勾勒其轮廓，把黑、白、灰三个层面表现出来，这样石头就有了立体感，不可把轮廓线勾画得太死，用笔需要注意顿挫曲折，如图 2-35 所示。

中国画的山石表现方法能充分表现出山石的结构、纹理特点，中国画讲求的“石分三面”和“皴”等，都可以很好地表现山石的立体感和质感，如图 2-36 所示。

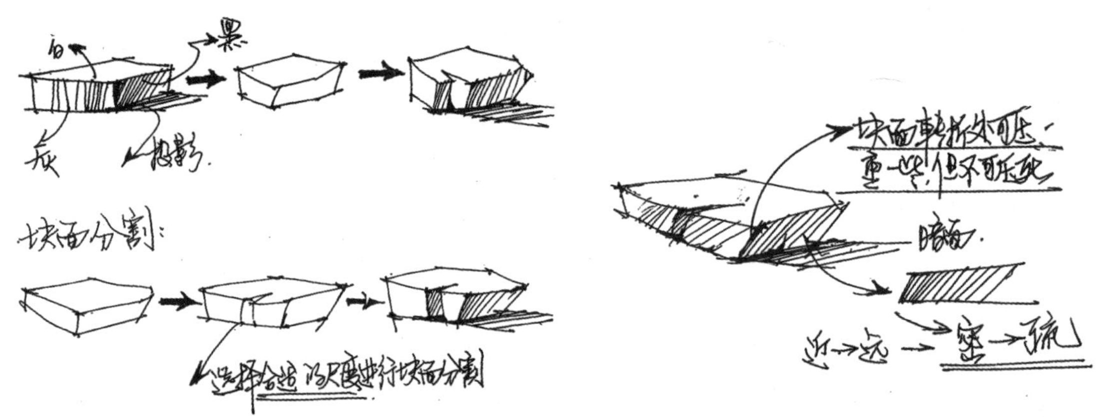

图 2-35　景观山石的表现步骤（石头三面的表达）

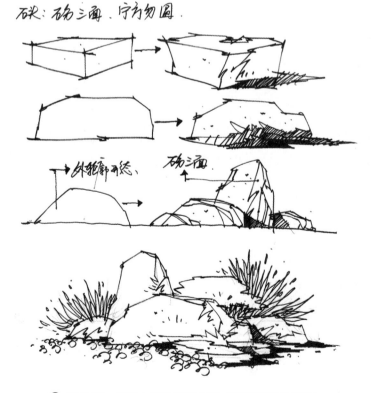

图 2-36　景观山石的表现步骤（石面纹理的表达）

总体来说，表现山石时用线要硬朗一些，但因其本身特征的不同也有一些区别。石头的亮面线条硬朗，运笔要快，线条的感觉坚韧；石头的暗面线条顿挫感较强，运笔较慢，线条较粗较重，有力透纸背之感。而同样在其边上的新石块边角比较锐利，故用笔硬朗随意，如图 2-37 ～图 2-39 所示。

图 2-37　景观山石的表现（1）

图 2-38　景观山石的表现（2）

图 2-39　景观山石的表现（3）

2.3　景观水景表现

俗话说“有山皆是园，无水不成景”，可见水在景观中的重要性。水景是园林景观表现的重要部分，水景在园林景观中的运用就是利用水的特质、水的流动性贯通整个空间，是园林的血脉，是生机所在，除了在生态、气象、工程等方面有着不可估量的价值外，还对人们的生理和心理起着重要的作用。水的形态多种多样，或平缓或跌宕，或喧闹或静谧。景物在水中产生的倒影具有很强的观赏性，在景观中加入水的元素不仅可以活跃气氛，还可以丰富景观层次，如图 2-40 所示。

图 2-40　水景在景观中的表现

画水就要画出它的特质，画它的倒影，画它波光粼粼的感觉。水体的表现主要指水面的表现，水有静水和动水之分。

（1）静水是指相对静止不动的水面，水明如镜，可见清晰的倒影。表现静水宜用平行直线或小波纹线，线条要有疏密断续的虚实变化，以表现水面的空间感和光影效果，如图 2-41 所示。

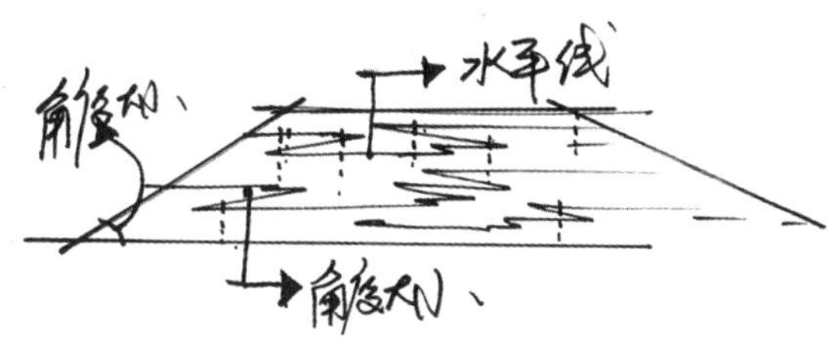

图 2-41　静水的表现

（2）动水是相对静水而言的，是指流速较快的水景，如跌水、瀑布、喷泉等水景。所谓“滴水是点，流水是线，积水成面”这句话概括了水的动态和画法。表现水的流动感时，用线宜流畅洒脱。在水流交接的地方可以表现水波的涟漪和水滴的飞溅，使画面更生动自然，如图 2-42 和图 2-43 所示。

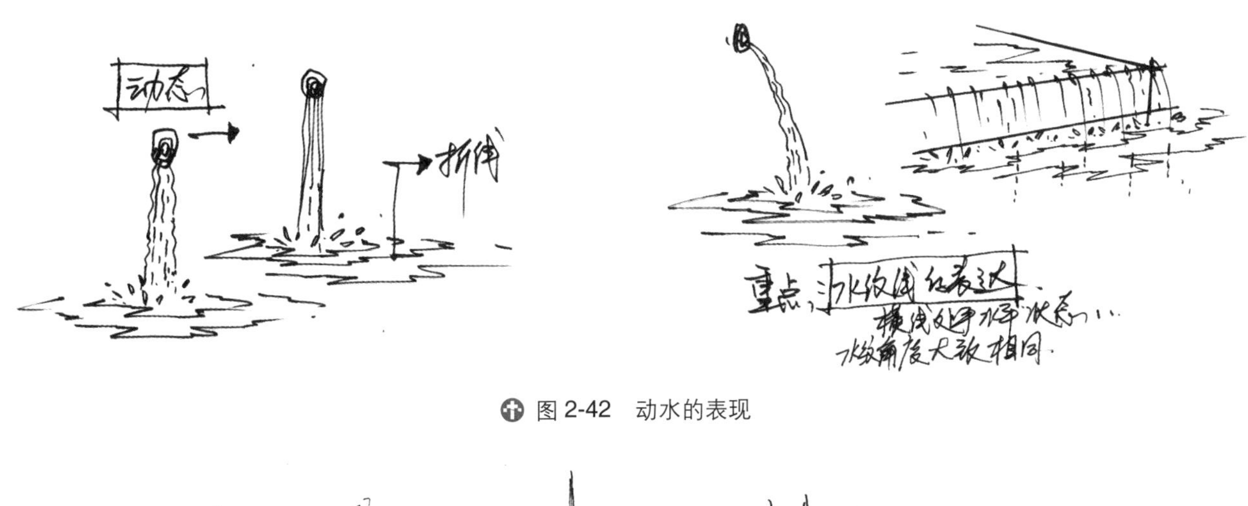

图 2-42　动水的表现

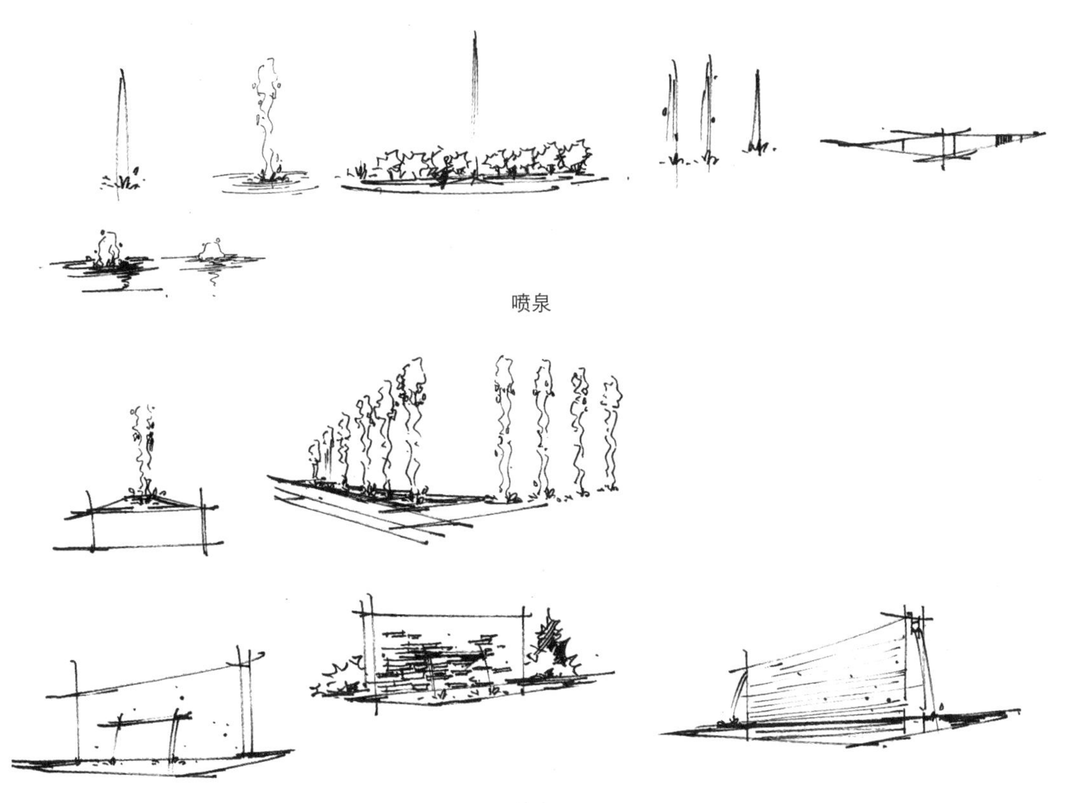

喷泉

跌水

图 2-43　喷泉和跌水的表现

水是无形的，表现水的形式就要表现水的载体和周边的环境，水纹的多少表现了水流的急与缓，如图 2-44 ~ 图 2-49 所示。

图 2-44　水景的表现（1）

图 2-45　水景的表现（2）

图 2-46　水景的表现（3）

图 2-47　水景的表现（4）

图 2-48　水景的表现（5）

图 2-49　水景的表现（6）

2.4 人物和交通工具的表现

在进行景观空间表现时，需要熟练掌握不同景观元素的表达，而常用的景观元素包括人物、建筑、轿车、公交、树木、地形、天空等，对它们的形态进行整合，形成特定的造型，概括于纸面上。在空间表现前期，多进行一些这方面的技巧训练十分必要，然而画好这些基本的元素并非要套公式，它只是帮助我们对特定对象进行快速表达，理解其中的比例、结构，从而快速掌握其基本画法。

2.4.1 人物配景的快速表现

一般而言，表现图中的人物身长比例为 8 ～ 10 个头长，看上去较为利落、秀气。在画远处的人物时，可先从头开始，依次为头部、上肢、躯干、下肢四个部分逐个刻画，着眼于重大的关系与姿态，用笔干净利落，不必细化，近处人物可以表现清晰一点，如图 2-50 所示。

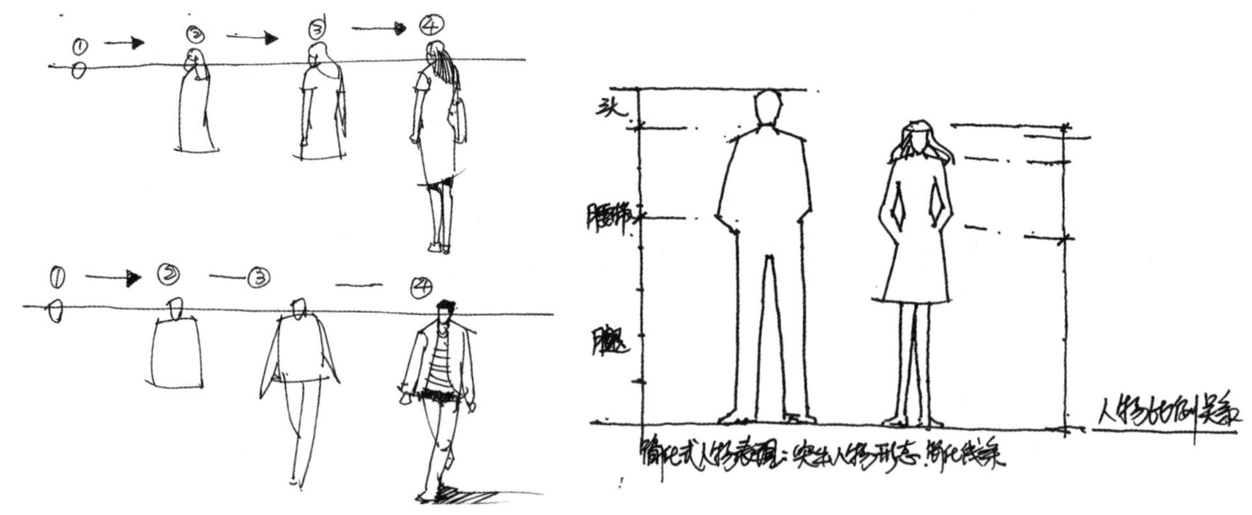

图 2-50 人物的刻画步骤

表现要点如图 2-51 ～图 2-54 所示。

(1) 近景人物注意形体比例，可刻画表情神态；远景人物注意动态姿势。

(2) 画面上较远位置出现的人群可省略细部，保留外部轮廓。

(3) 近处人物的刻画可参考时装画中的人物画法，双腿修长。

(4) 具体构图时，不要使人物处在同一直线上，否则较呆板。

(5) 众多人物的安置，头部位置一般放在画面视平线高度，这样有真实感。

(6) 男女的表现，除衣服上的区别，还可以调整人体各部分宽度、比例。男性肩部宽阔臀部较小，线条棱角分明；女性肩部较窄，胯与肩同宽，线条圆润。

要快速画出简单的人物，首先需要对人物的比例关系有一个基本了解，理解人物比例后才能快速画出人物的各部分。先从头部开始，然后画出矩形躯干，接着加入四肢，一定要控制好比例关系。如果要让人物生动，可以把头部稍微左右扭动一点，以便呈现出特定的姿势，如图 2-55 和图 2-56 所示。

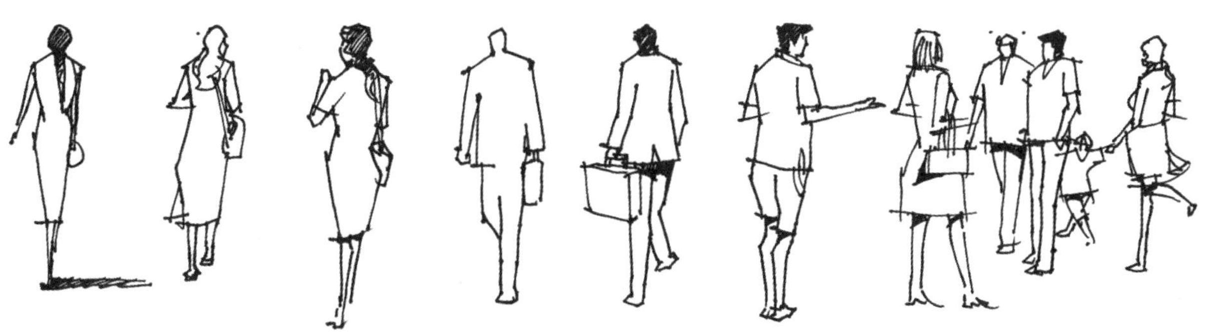

图 2-51　人物的服装刻画

图 2-52　远近人物的关系

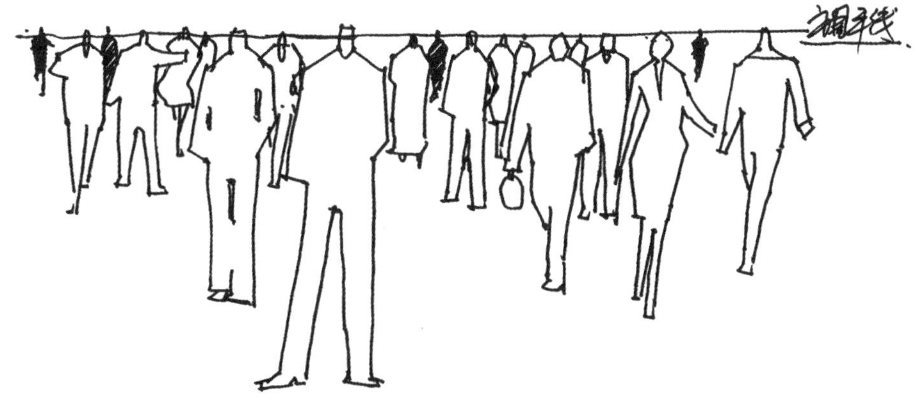

图 2-53　人物视平线表现

图 2-54　男女人物的表现

图 2-55　各类人物的表现

图 2-56　人物在场景中的表现

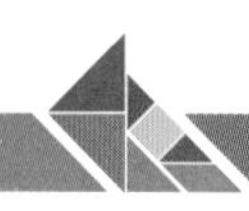

2.4.2　交通工具的表现

设计图的目的在于表现出设计意图，因此通过这些交通工具配景来表现场景的氛围非常重要。整体氛围的繁华或者清幽都离不开这些配景的表现。

在描绘大多数交通工具的时候，将车按照比例关系分为三层，一般来说可以先画中间层，将车身正面的车盖、车身、车灯等绘制出来，接着处理顶层、车顶、车架以及挡风玻璃，最后是底层的底盘、轮胎、保险杠，如图 2-57 所示。

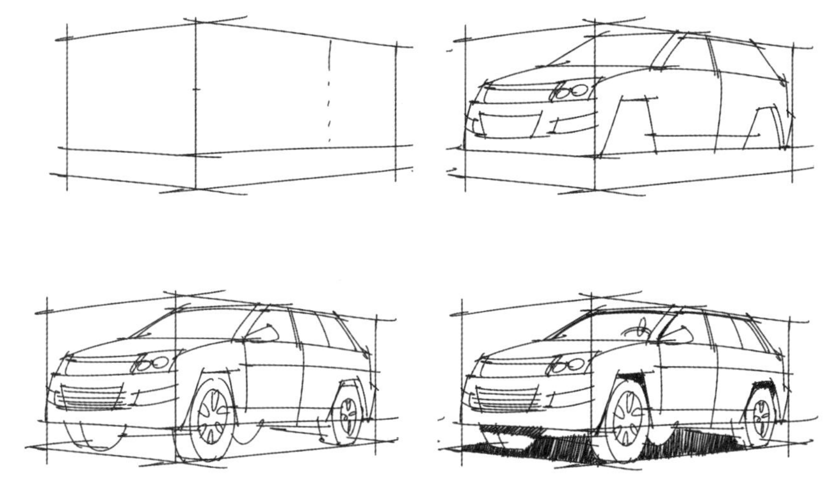

图 2-57　车的表达步骤

车的表现要点如下。

(1) 注意交通工具与环境、建筑物、人物的比例关系，要增强真实感，如图 2-58 所示。

图 2-58　车的表现

(2) 画车时,以车轮直径的比例来确定车身的长度及整体比例关系。

(3) 车的窗框、车灯、车门缝、把手以及倒影都要有所交代。

2.5 小　结

本章重点学习了各类景观元素的线稿表现,首先了解了各类植物的特点,通过把握各类植物的主要特点来进行分步骤练习,并附加了各种优秀的植物表现图片来帮助大家更好地理解。通过本章的学习,掌握了各种景观元素的基本特点,对植物的种类有大致的了解。最后就是学习植物以外的各种景观元素的表现画法,如山石、水景、人物和交通工具。

2.6 课堂练习

(1) 完成一幅 A3 大小的植物组合表现图,包含乔木、灌木、草本和棕榈科植物。

(2) 完成山石、水景、汽车和人物的 A3 尺寸表现图各一幅。

第 3 章 空间透视的规律与表现技法

3.1 透视的形成

3.1.1 透视的概念

“透视”是一种绘画活动中的观察方法和研究视觉画面空间的专业术语，通过这种方法可以归纳出视觉空间的变化规律。用笔准确地将三度空间的景物描绘到二度空间的平面上，这个过程就是透视过程。用这种方法可以在平面上得到相对稳定的立体特征的画面空间，这就是“透视图”。

在人与物体之间设立一个透明的铅垂面 P 作为投影面；人的视线（投射线）透过投影面与投影面相交所得的图形称为透视图，或称为透视投影，简称透视，如图 3-1 所示。根据透视的原理绘制的图多用于机械工程和建筑工程，如当人透过玻璃窗看室外物体时，在玻璃窗上留下的图形就是物体的透视图。

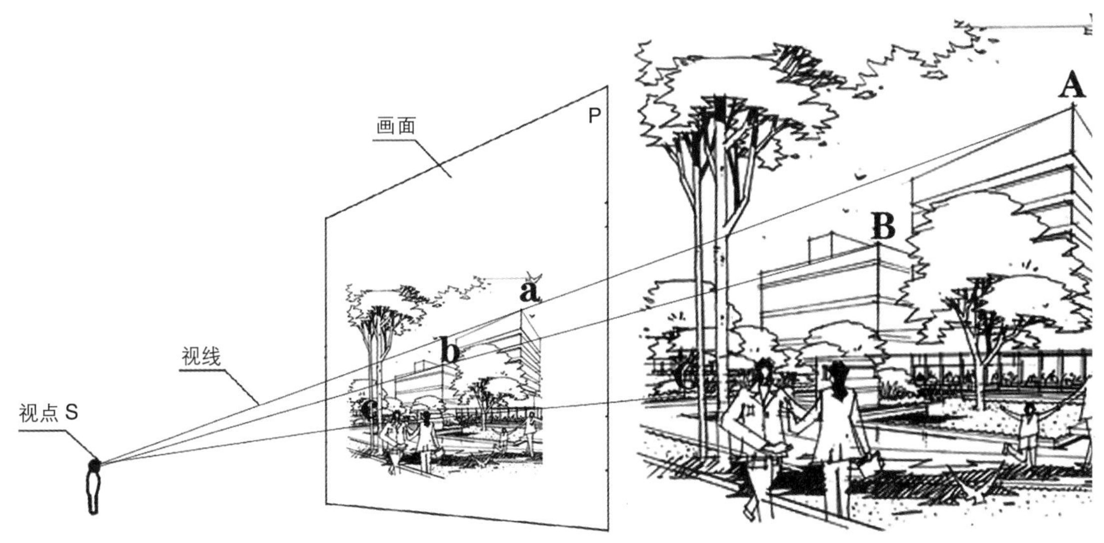

图 3-1　透视的形成

3.1.2 透视的基本规律

透视具有消失感、距离感，使相同大小的物体呈现出有规律的变化。通过分析可以发现产生这些现象的一些透视规律如下。

(1) 随着距离画面远近的变化,相同体积、面积、高度和间距呈现出近大远小、近高远低、近宽远窄和近疏远密的特点。

(2) 互相平行的直线组(它们都不平行于画面),其透视汇集于一点。

(3) 空间中与画面平行的直线组的透视仍与画面平行,这类平行线在透视图中仍保持平行关系。

(4) 空间中与画面相交的直线有消失感,在透视图中逐渐靠拢并汇于一点。

(5) 与画面重合的线和面的透视具有真实性,即其自身。

(6) 与画面倾斜的线和面的透视均产生变形,但仍保持类似性。

3.1.3 透视的分类

当视点、画面和物体的相对位置不同时,物体的透视形象将呈现不同的形状,从而产生了各种形式的透视图。这些形式不同的透视图,它们的使用情况以及所采用的作图方法不尽相同。通常情况下,可按透视图上灭点的多少来分类和命名,也可根据画面、视点和形体之间的空间关系来分类和命名。不管怎么样分类和命名,透视图都分为以下三类。

物体只有一个方向的轮廓线垂直于画面,其灭点就是主点,而另外两个方向的轮廓线均平行于画面,没有灭点,这时画出的透视称为一点透视。

如果物体只有铅垂的轮廓线平行于画面,而另外两组水平的轮廓线均与画面斜交,于是在画面上就会得到两个灭点,这两个灭点都在视平线上,这时画出的透视称为两点透视。

如果画面倾斜于基面,即画面与物体的三组主要方向的轮廓线都相交,于是画面上就会形成三个灭点,这时我们画出的透视图称为三点透视,又称为斜透视。

3.2 一点透视原理与应用(庭院空间)

3.2.1 一点透视原理

一点透视就是物体由于它与画面间相对位置的变化,它的长、宽、高三组主要方向的轮廓线与画面可能平行,也可能不平行,这样画出的透视称为一点透视。在此情况下,物体就有一个方向的立面平行于画面,故又称正面透视。三组轮廓线中两组(长度和高度方向)与画面平行,一组(宽度方向)的直线与画面相交,其灭点在视平线上,如图 3-2 所示。

在只有一个物体时,一点透视图所能表现的范围由 A 面和 B 面来看,视点在物体的左方、右方、中间三种不同的位置时,这种透视图可以被画出来;若再依眼睛的高度来看一个面,所能描绘的透视图则共有 9 种,如图 3-3 所示。

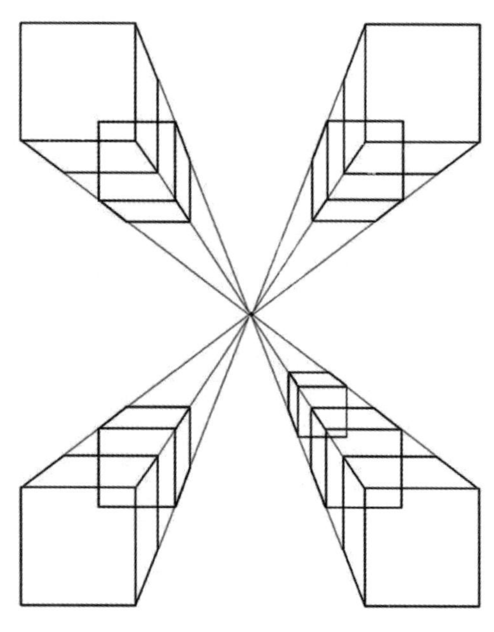

图 3-2 一点透视示意图(1)

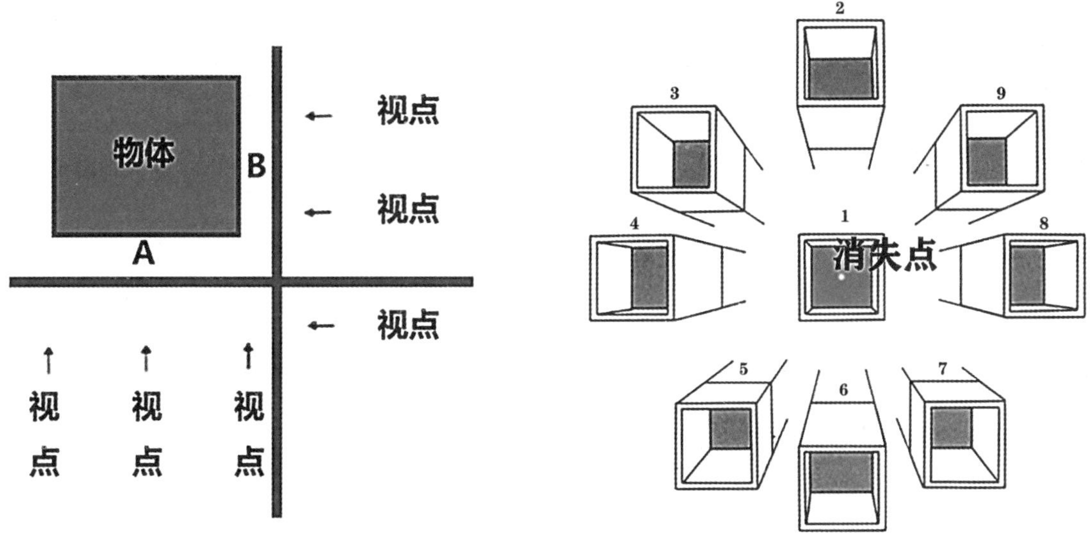

图 3-3　一点透视示意图（2）

3.2.2　一点透视表现步骤

步骤 1：确定消失点的位置以及视平线的高度，选取适当的图框，在平面上描绘出构筑物的基本范围，如图 3-4 所示。

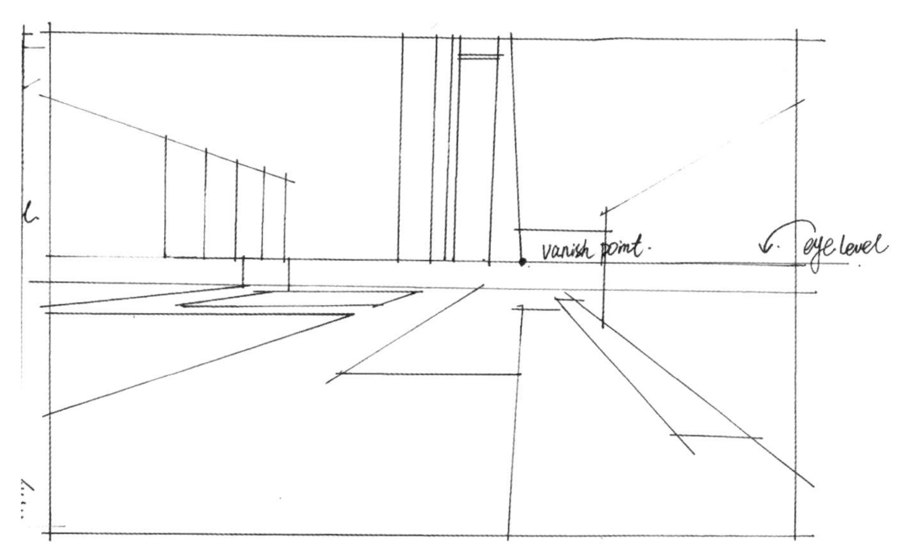

图 3-4　一点透视表现步骤（1）

步骤 2：将景观空间内的框架、结构和构筑物的高低关系确认，通过对图中对象进行拔高和压缩，勾勒出构筑物大致的体块关系，把握竖向空间的层次，如图 3-5 所示。

步骤 3：将周围的植物配景加以完善，描绘植物注意高低、前后的空间关系，将整个画面的结构、比例和透视交代清楚，如图 3-6 所示。

步骤 4：添加人、水景等元素，刻画物体细节，丰富视觉中心的效果。对整体的投影、黑白灰关系进行处理，并对材质进行表现，使画面的明暗关系和空间感更加明朗，如图 3-7 所示。

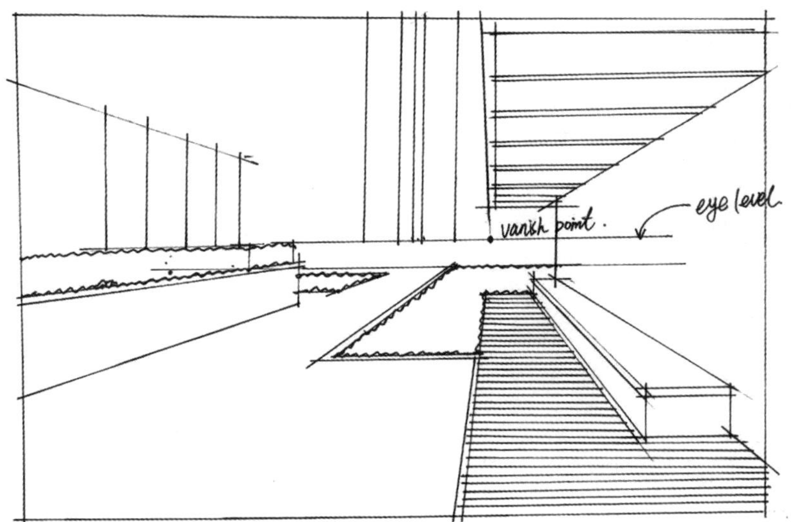

图 3-5　一点透视表现步骤（2）

图 3-6　一点透视表现步骤（3）

图 3-7　一点透视表现步骤（4）

3.2.3　一点透视效果图赏析

一点透视效果图赏析如图 3-8 ～图 3-10 所示。

图 3-8　一点透视效果图（1）

图 3-9　一点透视效果图（2）

图 3-10 一点透视效果图（3）

3.3 两点透视原理与应用（公园空间）

3.3.1 两点透视原理

如果物体仅有铅垂轮廓线与画面平行，而另外两组水平的主向轮廓线均与画面斜交，于是在画面上形成了两个灭点，这两个灭点都在视平线上，这样形成的透视图称为两点透视。正因为在此情况下物体的两个立角均与画面成倾斜角度，故又称成角透视，如图 3-11 所示。

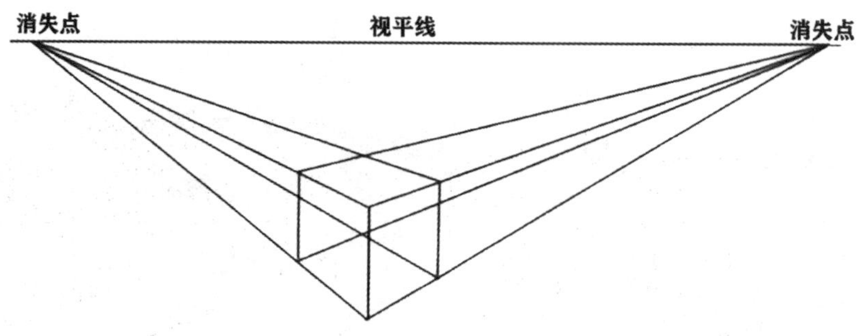

图 3-11 两点透视示意图（1）

当物体的宽度面或深度面与作图者的中心视线垂直时，物体线就不会产生消失点，而变成平行线，如此就变成一点透视图了。因此，两点透视图的物体必须和视点位置呈非垂直的条件下才能成立。为了固定两点透视图的自然角度，通常在消失点的水平线和视点的视线所产生的角度的情况下来作图，如图 3-12 所示。

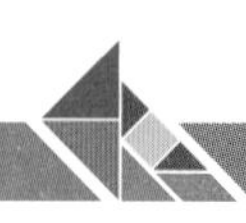

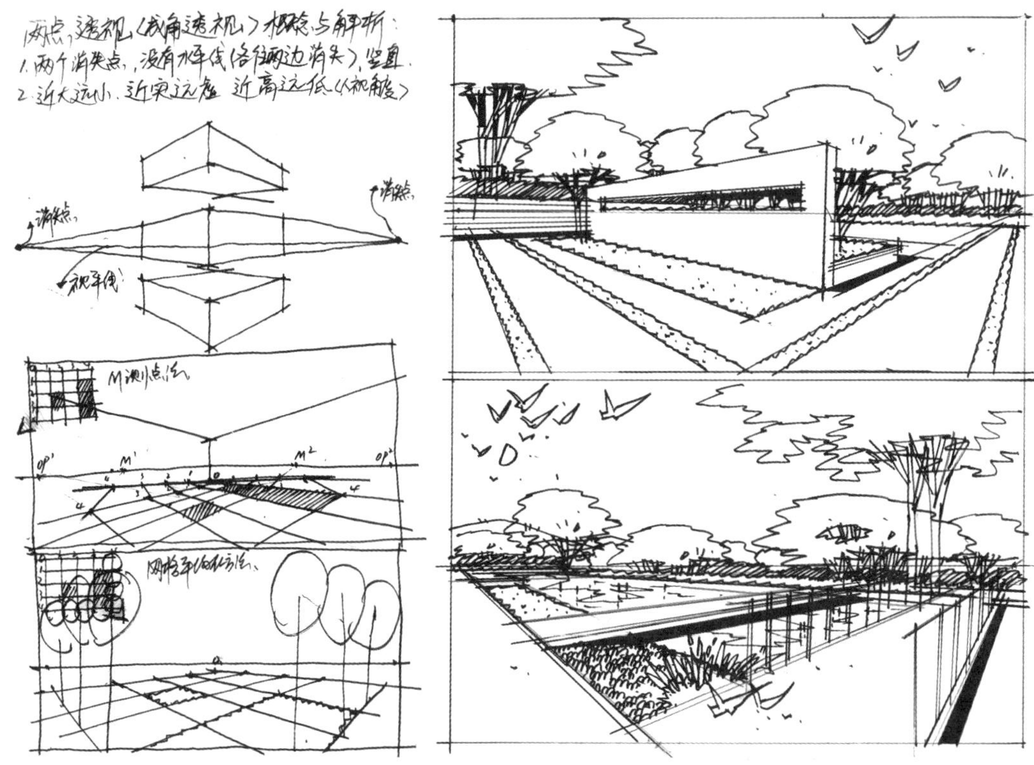

图 3-12　两点透视示意图（2）

3.3.2　两点透视表现步骤

步骤 1：根据画面确定视平线高度及两个消失点的位置，保证两个消失点在视平线上，如图 3-13 所示。

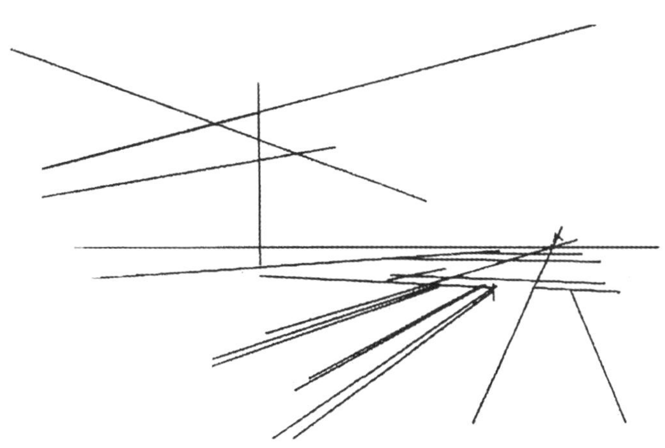

图 3-13　两点透视表现步骤（1）

步骤 2：根据建筑结构线连接消失点，刻画构筑物形体关系。此步骤应注意建筑物高处和低处的倾斜角度，离视平线越高的线倾斜角度越大，如图 3-14 所示。

步骤 3：丰富画面，逐步加上周围配景，初步确定添加景物的位置，同时绘制出地面铺装，加强画面空间关系，如图 3-15 所示。

步骤 4：深入细化画面，完善配景，对整体的投影，黑、白、灰关系进行处理，并对材质进行表现，如图 3-16 所示。

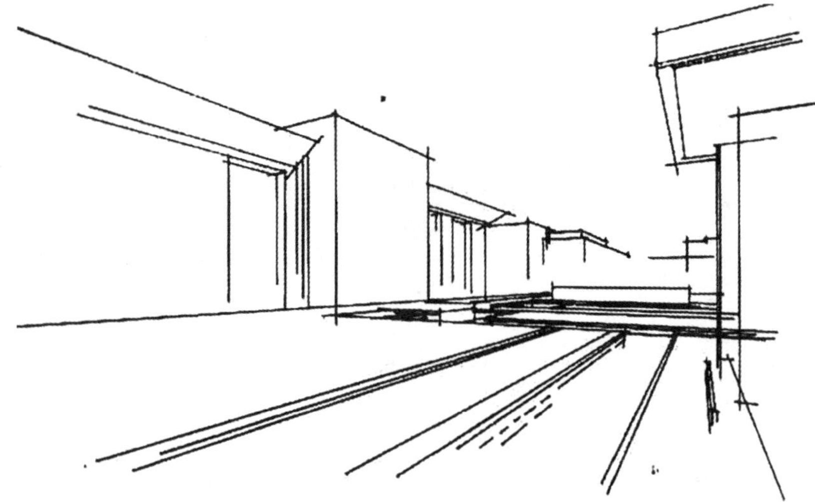

图 3-14　两点透视表现步骤（2）

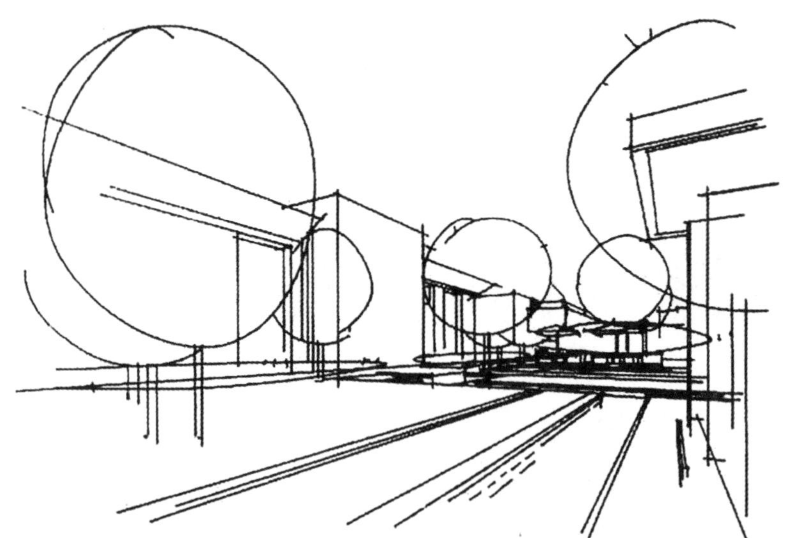

图 3-15　两点透视表现步骤（3）

图 3-16　两点透视表现步骤（4）

3.3.3　两点透视效果图赏析

两点透视效果图赏析如图 3-17 ～图 3-19 所示。

图 3-17　两点透视效果图（1）

图 3-18　两点透视效果图（2）

图 3-19　两点透视效果图（3）

3.4　三点透视原理与应用（居住小区空间）

3.4.1　三点透视原理

如图 3-20 所示，物体的长、宽、高三个方向与画面均不平行时，所作的透视图有三个灭点，称为三点透视。用俯视或仰视等去看立方体就会形成三点透视。由于俯视或仰视、透视画面与原来垂直的物体有了倾斜角度，又称倾斜透视。

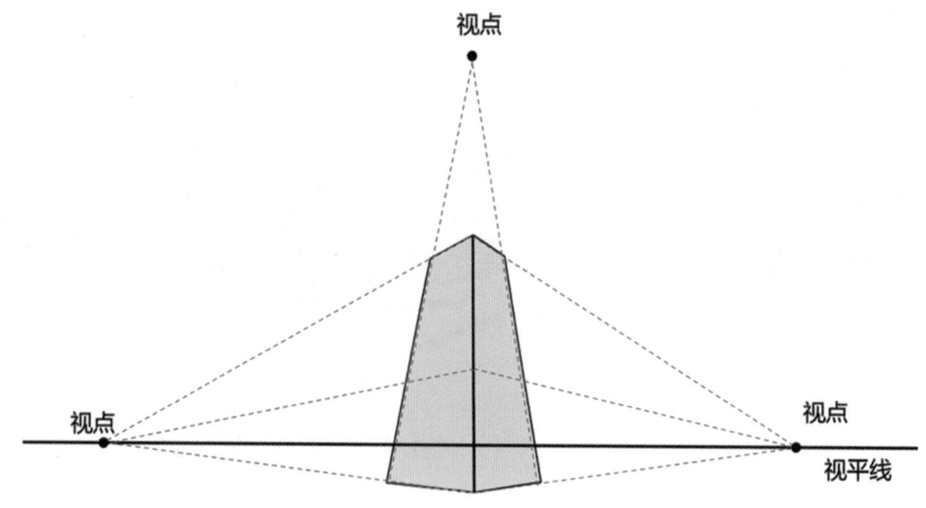

图 3-20　三点透视示意图（1）

三点透视可表现物体的纵深感觉，更具夸张性和戏剧性，但如果角度和距离选择不当，会产生失真变形。三点透视可用于表现景观透视，也用于表现俯瞰图或仰视图。

三点透视的特点是在两点透视的基础上多加一个消失点，此时第三个消失点可作为高度空间的表达，而消失点在视平线之上或下分别表达仰视或俯视效果，如图 3-21 所示。

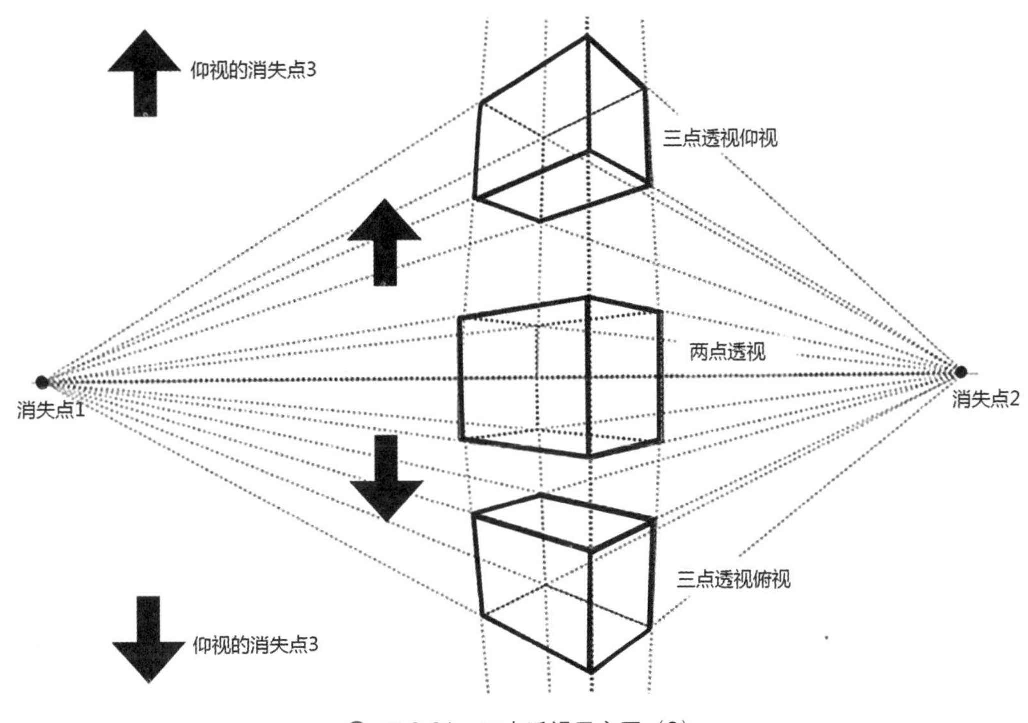

图 3-21　三点透视示意图（2）

三点透视图画面大气且有张力，视觉冲击力强，能体现一个或者多个物体的形体、结构、空间、材质、色彩、环境以及物体间各种关系，适合表现丰富、复杂的空间场景。

3.4.2　三点透视表现步骤

步骤 1：在纸面上确定主体物的大小、比例，在纸外找到三个消失点，通过连接消失点组合出物体的整体关系，如图 3-22 所示。

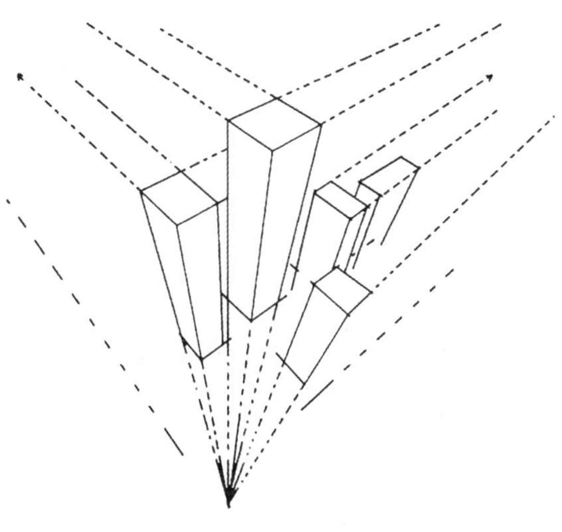

图 3-22　三点透视表现步骤（1）

步骤 2：参考消失点、视平线，对地面铺装、道路的走向、位置进行绘制，刻画物体的结构、材质和配景在画面中的大小、比例。同时对空间远景进行适当的交代，如图 3-23 所示。

步骤 3：添加植被、配景。添加的配景要和原始构筑物协调、紧密、一致。在完成配景刻画后，确定画面光影关系，加强黑、白、灰对比，如图 3-24 所示。

3.4.3　三点透视效果图赏析

三点透视效果图赏析如图 3-25 和图 3-26 所示。

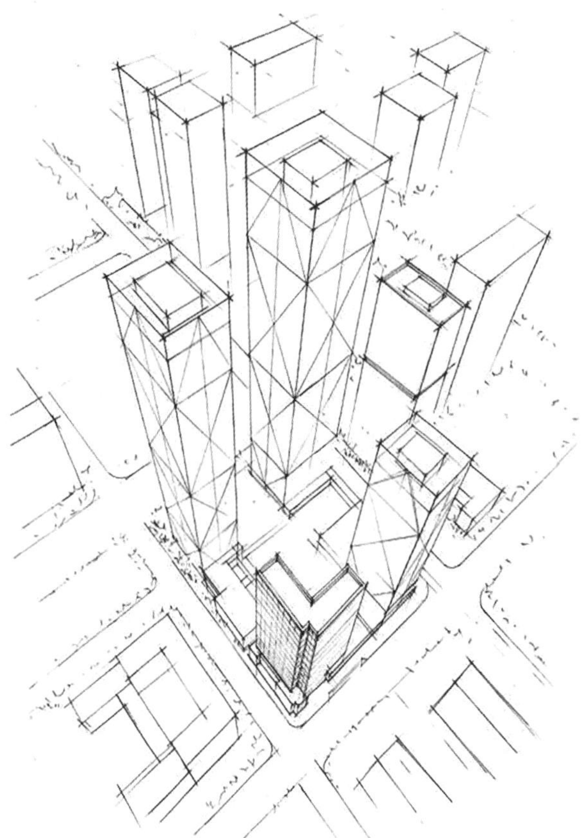

图 3-23　三点透视表现步骤（2）

图 3-24　三点透视表现步骤（3）

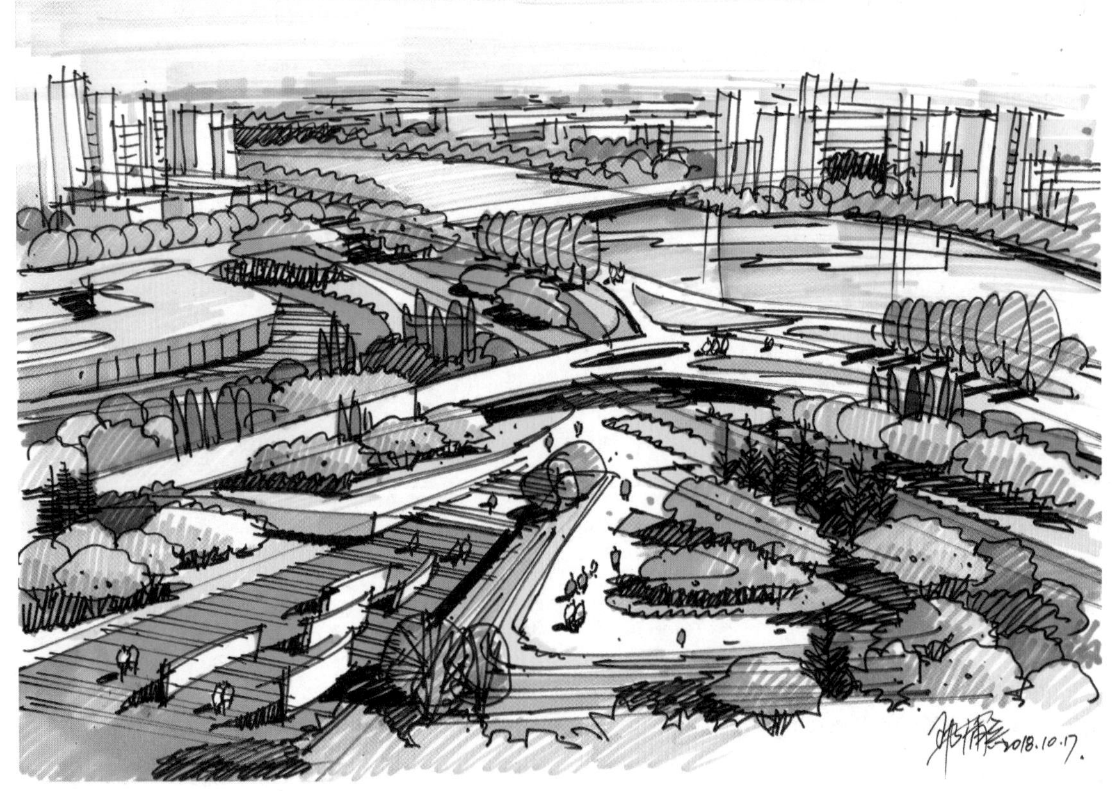

图 3-25　三点透视效果图（1）

图 3-26　三点透视效果图（2）

3.5　景观线稿基本规律

3.5.1　视点

视点：指人眼所在的位置，即投影中心，如图 3-27 所示。

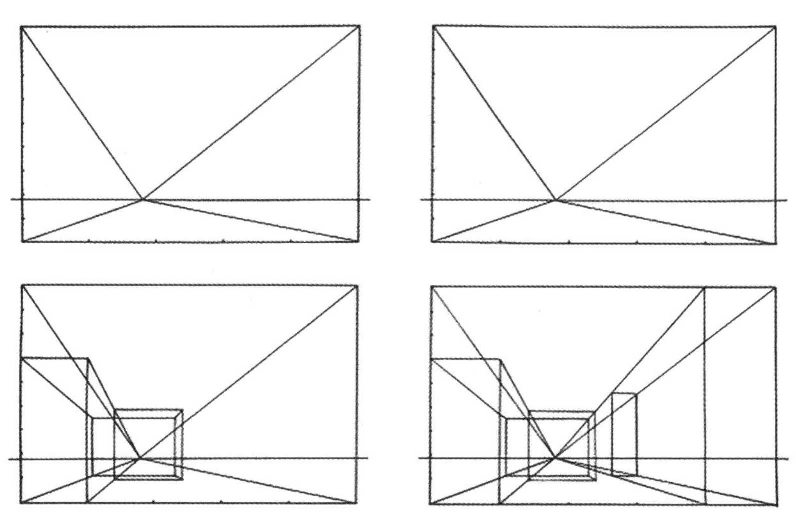

图 3-27　视点

视点的选择由视角和视距决定，当人的眼睛注视画面时，只能看清主视线周围的有限范围，如图 3-28 所示。视线构成一个近似以人眼为锥顶的正圆锥，这个正圆锥称为视圆锥，视圆锥与画面相交所形成的圆形范围称为视野，视圆锥的顶角称为视角。

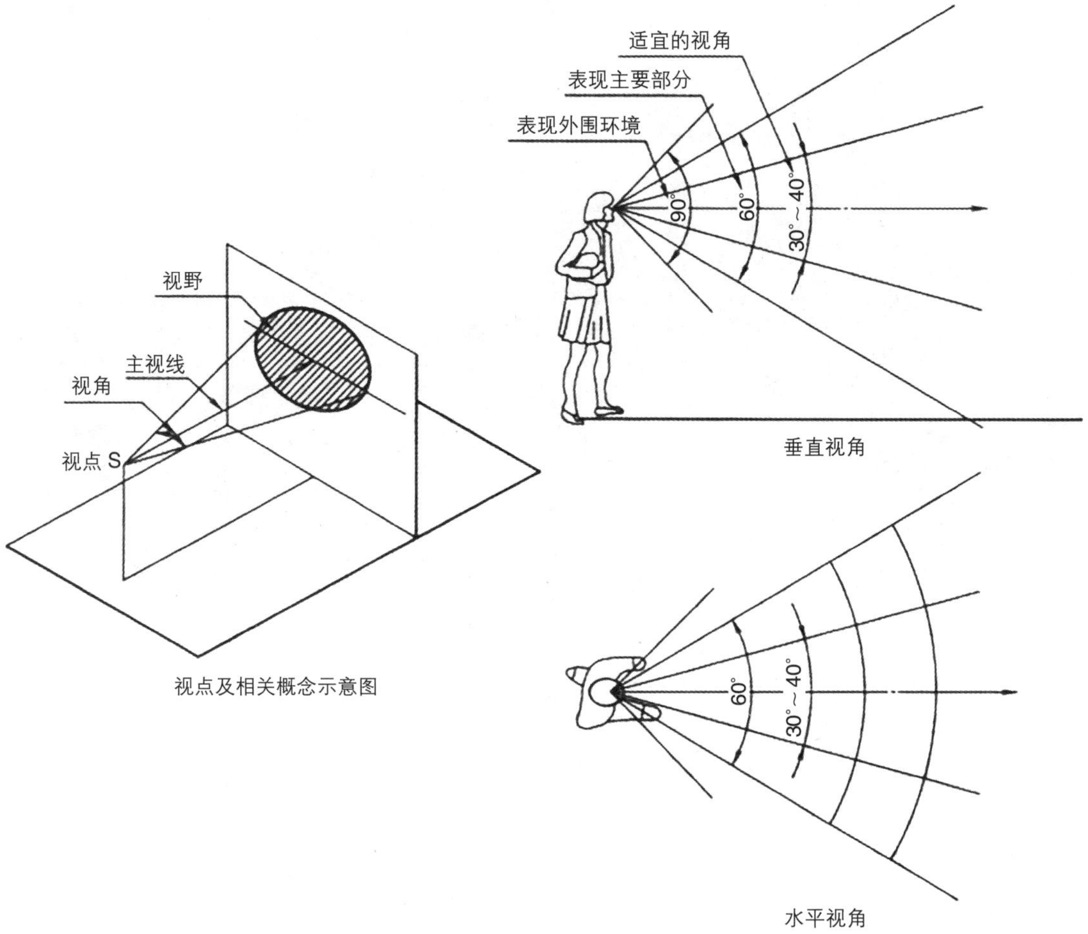

视点及相关概念示意图

垂直视角

水平视角

图 3-28　视角

据测定，视角在 60° 范围以内，视野清晰，且以 30° ～ 40° 为最佳。在特殊情况下，视角可稍大于 60°，但不宜超出 90°，否则会使透视效果严重失真。

画透视图时，也可通过调整视距来控制视角，以使其在合适的范围内。在基面上，视距就是站点到画面的距离，站点对画面的位置改变，意味着视距和视角的改变。

如果站点离画面太近，视角就会过大。作出的透视图，两灭点相距过近，水平轮廓线的透视收敛过急，形体的立面变得狭窄、尖斜，其形象已不符合人们的视觉印象。

如果站点离画面太远，视角就会变小，视线与视线之间趋于平行，在透视图中，灭点将超出幅面，形体的水平轮廓的透视平缓，形体的透视效果较差。

如果视距适中，视角在适宜范围内，则透视效果较佳。

3.5.2　视平线高度的选择

视平线：就是与画者眼睛平行的水平线。平视时即是画面上等于视高的水平线，即与地平线重合的线。视平线的“高度”是随着观察者的高度而变化的，确切地说是随着观察者的眼睛的高度而变化的。

视平线决定被画物的透视斜度，被画物高于视平线时，透视线向下斜；被画物低于视平线时，透视线向上斜。

另外，保持物体、画面、站点的相对位置不变而降低或者提高视平线，可以得到仰视图、平视图或者俯视图，如图 3-29 所示。

图 3-29　平视图示意图

当视平线低于基线时，绘制出的透视图为仰视图，并可以看到物体的底部。当视平线位于基线上方并且视高低于物体高度时，绘出的透视图为平视图，我们看不到物体的顶面和底面。当视平线位于基线上方并且视高高于物体时，绘出的透视图为俯视图，我们可以看到物体的顶面。仰视图在景观设计中并不常见。

其中抬高视平线的方法在园林透视图中经常使用，这种透视效果又称为鸟瞰图，如图 3-30 所示。因为抬高了视点，所以视野较为开阔，比较适宜表现大的场景，如公园、居住小区，甚至城市景观。

3.5.3　景观表现形式美法则

构图的基本规律讲究的是：统一与变化、均衡与稳定、韵律、比例与尺度、对比。

1. 统一与变化

“统一中求变化，变化中求统一”，它是形式美中的基本规律，具有广泛的普遍性和概括性。统一指秩序，相对于杂乱无章而言；变化则是相对于单调而言的，如图 3-31 所示。

（1）以简单的几何形体求统一，给人以明确统一的感觉。

（2）主从分明，以陪衬求统一，运用轴线的处理突出主体，以低衬高突出主体，利用形象变化突出主体。

（3）以协调求统一，通过构件的形状、尺度、比例、色彩、质感和细部处理取得某种联系而求得协调统一。

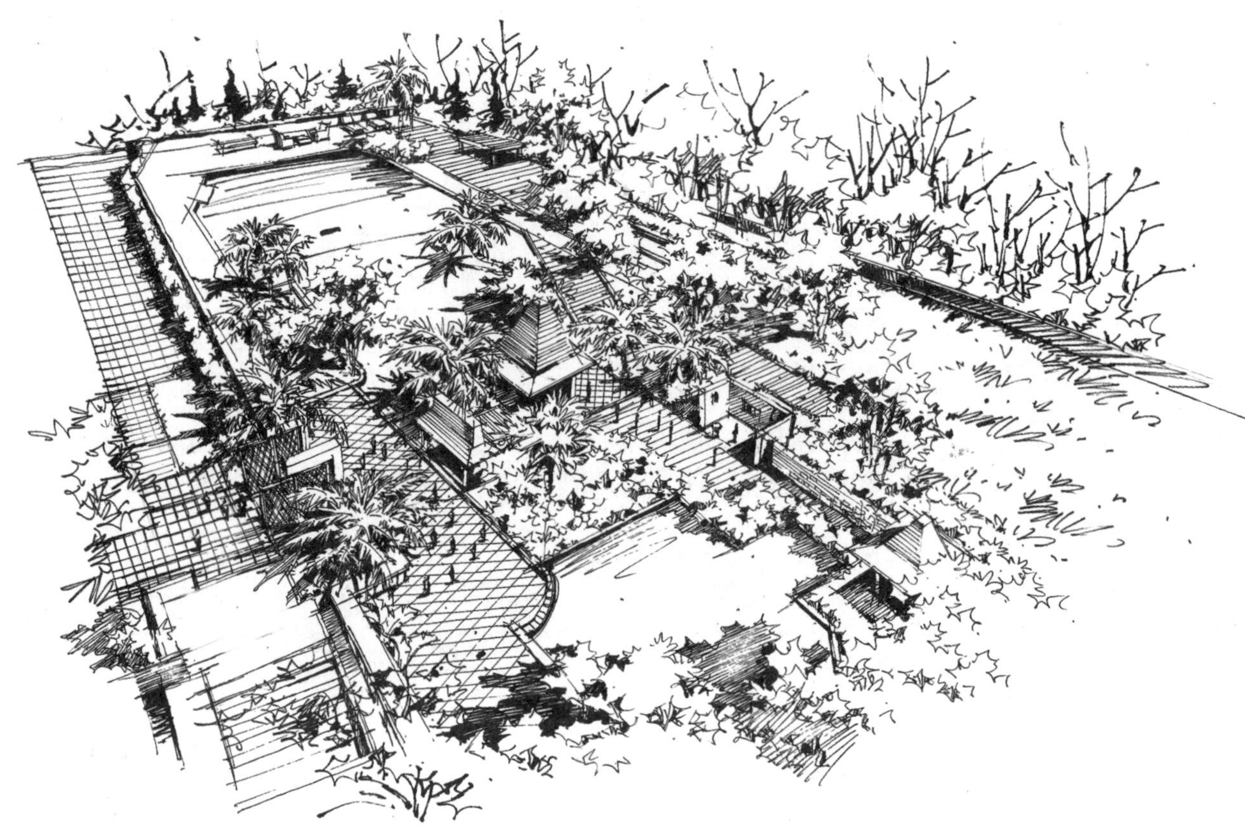

图 3-30　鸟瞰图示意图

图 3-31　构图的统一与变化

2．均衡与稳定

均衡是指景观各体量在景观构图中的前后、左右相对轻重关系。均衡必须强调均衡中心，它有静态均衡、动态均衡之分。稳定是指景观在景观构图上下的轻重关系，如图 3-32 所示。

图 3-32　构图关系中的均衡与稳定

3．韵律

物体各要素有规律地重复出现或有秩序地变化，从而出现了具有条理性、重复性、连续性为特征的韵律感。就像音乐中某一主旋律反复出现，形成韵律节奏感，给人以深刻印象，如图 3-33 所示。

图 3-33　构图的韵律

常用的韵律包括以下几种。

（1）渐变韵律：连续的要素在某一方面按照一定的秩序而变化，例如逐渐加长或缩短、变宽或变窄、变疏或变密等。

（2）交错韵律：各组成部分按一定规律交织、穿插而形成，各要素互相制约，一隐一显，表现出一种有组织的变化。

（3）连续韵律：以一种或几种要素连续重复地排列而形成，各要素间保持恒定的距离和关系，可以无止境地连续延长。

（4）起伏韵律：韵律按一定规律时而增加、时而减少，犹如波浪的起伏，或具不规则的节奏感，较活泼而富运动感。

4．比例与尺度

比例是指景观本身或局部在长、宽、高三个方向上的度量关系，也是指要素本身、要素之间、要素与整体之间在度量上的一种制约关系。如大小、高低、长短、宽窄、粗细、厚薄、收分、斜度、坡度是否合适。尺度是景观的局部或整体与人体之间在度量上的制约关系。

空间的不同尺度传达不同的空间体验感。小尺度适合舒适宜人的亲密空间，大尺度空间则气势壮阔、感染力强，如图 3-34 所示。

图 3-34　构图的比例与尺度

5．对比

对比是指景观中某两个因素相互衬托而形成的差异。差异大，对比强烈，起突出重点的作用；反之，则对比微弱，得到和谐统一的效果，如图 3-35 所示。

对比形式有数量、形状、方向、虚实、繁简、直曲、疏密、集中与分散、开敞与封闭、光线明暗、色彩与质感、人工与自然等。与方向对比相比较，形状对比往往更易引人注意。

图 3-35 效果图中的对比关系

3.5.4 常用的景观构图形式

(1) 对角线构图。把主体安排在对角线上,能有效利用画面对角线的长度,同时也能使陪体与主体发生直接关系。对角线构图富于动感,显得活泼,容易产生线条的汇聚趋势,吸引人的视线,达到突出主体的效果(例如聚光灯照射主体),如图 3-36 所示。

图 3-36 对角线构图

(2) 对称式构图。具有平衡、稳定、相对的特点。缺点:呆板,缺少变化。常用于表现对称的物体、建筑、景观、特殊风格的物体,如图 3-37 所示。

(3) 变化式构图。景观的重心安排在某一角或一边,作为视觉中心点进行深度刻画,使其成为构图中分量比较大的一部分。在其他部分则进行虚空留白处理,使整个构图处于动态式的变化,如图 3-38 所示。

图 3-37　对称式构图

图 3-38　变化式构图

（4）均衡式构图。给人以稳固安定的感觉，画面结构完美无缺，安排巧妙，对应而平衡，如图 3-39 所示。

（5）三角形构图。以三个视觉中心为景物的主要位置，有时是以三点成面几何构成来安排景物的位置，形成一个稳定的三角形。这种三角形可以是正三角形，也可以是斜三角形或倒三角形。其中斜三角形较为常用，也较为灵活。三角形构图具有安定、均衡、灵活等特点，如图 3-40 所示。

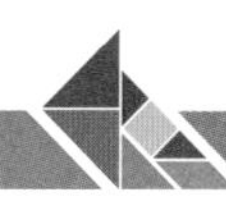

图 3-39　均衡式构图

图 3-40　三角形构图

3.6　平面图生成透视空间图方法步骤图

3.6.1　平面图生成一点透视空间图步骤

步骤 1：找到一幅平面底图，确定透视方法和观察角度以及视点，根据所要画的对象大小确定图框大小，勾勒出景观形体的大致关系，如图 3-41 所示。

步骤 2：添加景观植物，并画出植物的大致形状，然后对画面的明暗关系进行表达，如图 3-42 所示。

步骤 3：刻画细节，适当增加景观，如图 3-43 所示。

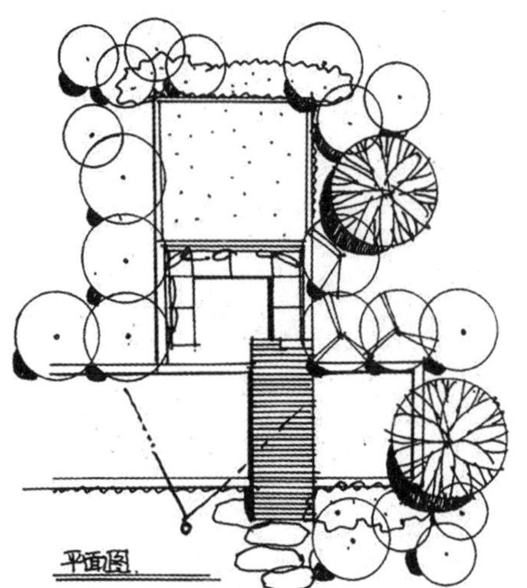

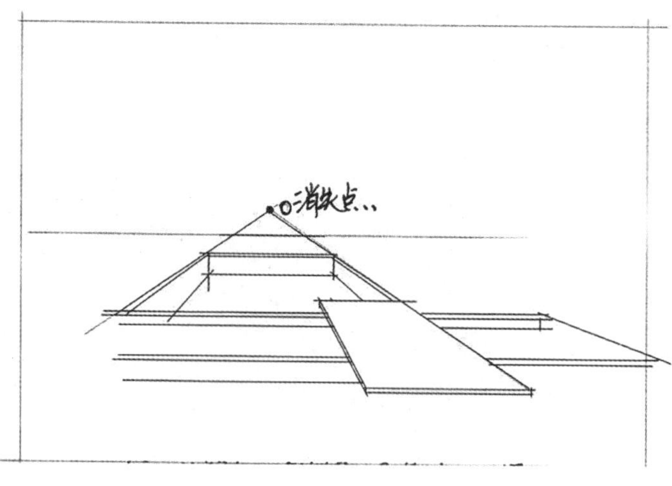

图 3-41　平面图生成一点透视空间图步骤（1）

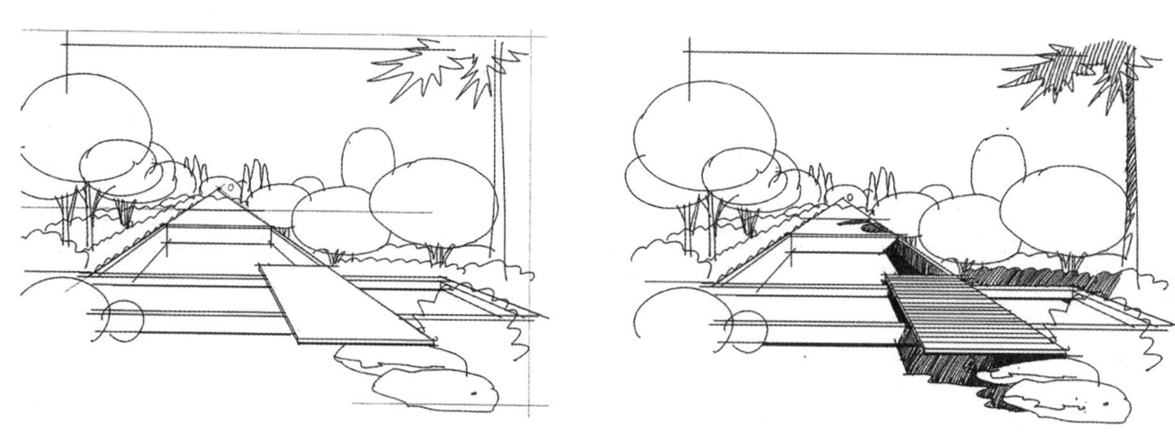

图 3-42　平面图生成一点透视空间图步骤（2）

图 3-43　平面图生成一点透视空间图步骤（3）

3.6.2　平面图生成三点透视空间图步骤

步骤 1：将找好的底图进行等分，制作出一个网格，如图 3-44 所示。

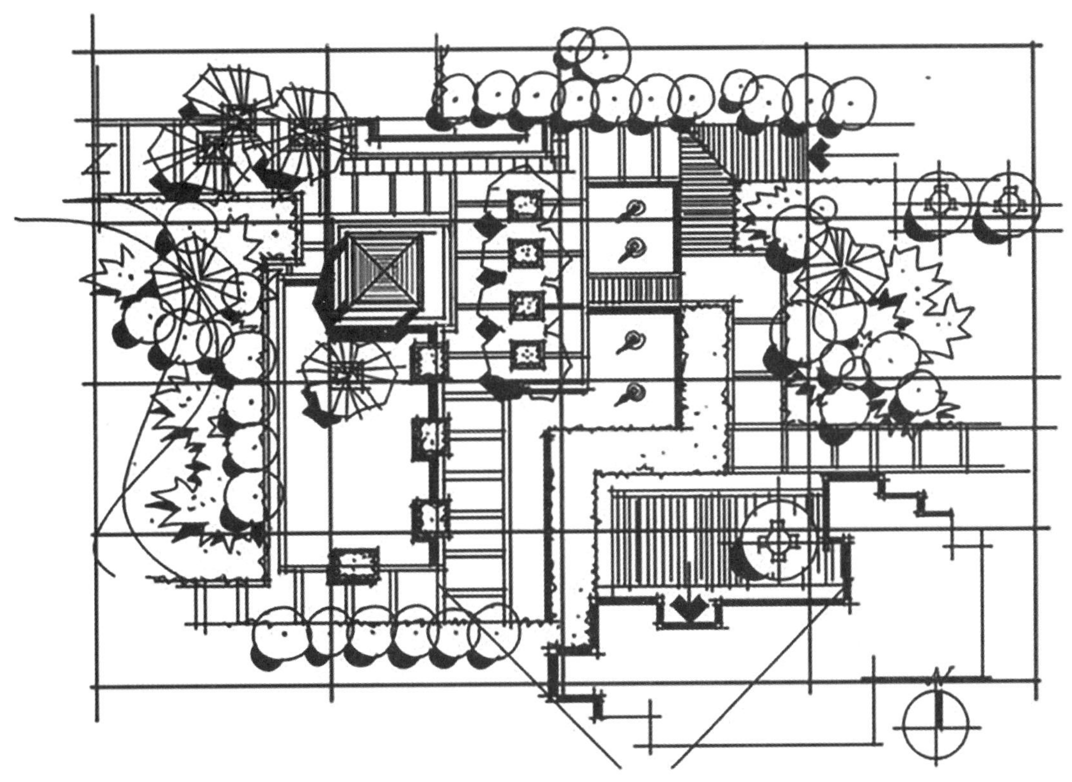

图 3-44　平面图生成三点透视空间图步骤（1）

步骤 2：根据三点透视关系，通过连接三个消失点，画出平面底图网格的三点透视图，如图 3-45 所示。

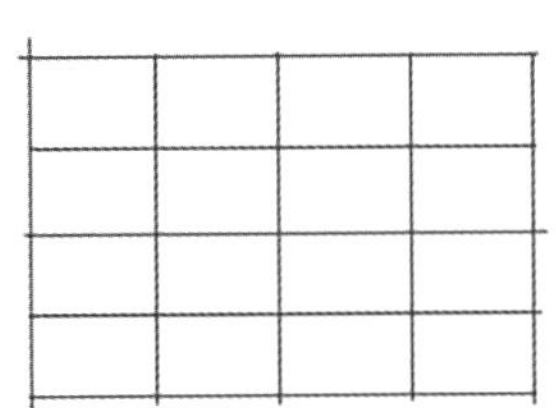

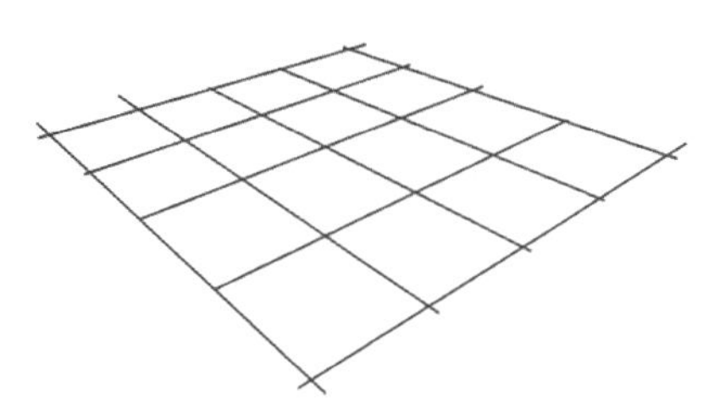

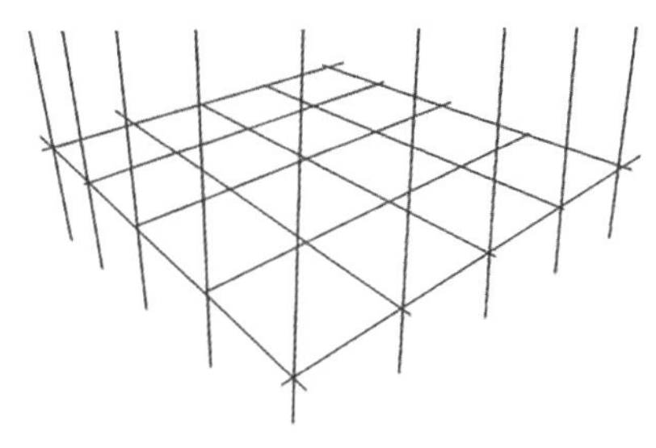

图 3-45　平面图生成三点透视空间图步骤（2）

步骤 3：将平面底图上的位置关系转移到网格上，勾勒出道路、构筑物边线等，体现出构筑物大致的位置关系，如图 3-46 所示。

步骤 4：将景观形体拔高和压缩，勾勒出形体的关系，确定植物等配景的位置及大小，如图 3-47 所示。

步骤 5：对整幅画面进行细化，增添图面的明暗关系，如图 3-48 所示。

步骤 6：整体进行细化，整理画面虚实明暗，如图 3-49 所示。

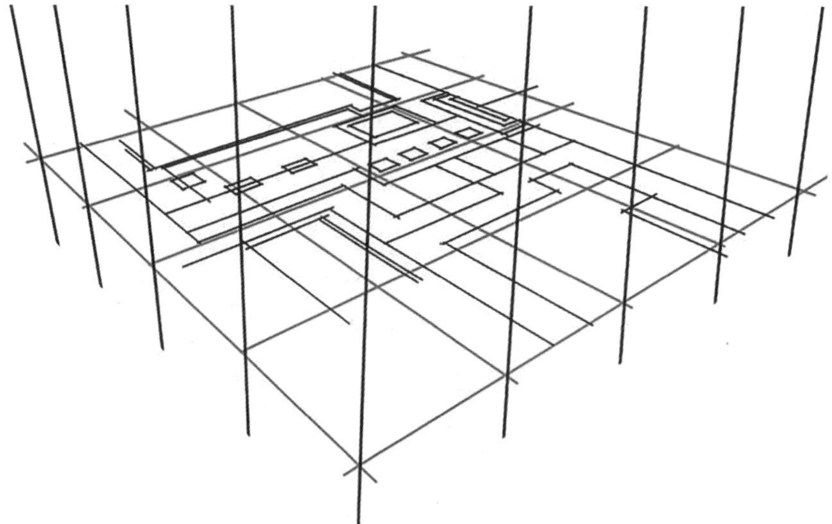

图 3-46　平面图生成三点透视空间图步骤（3）

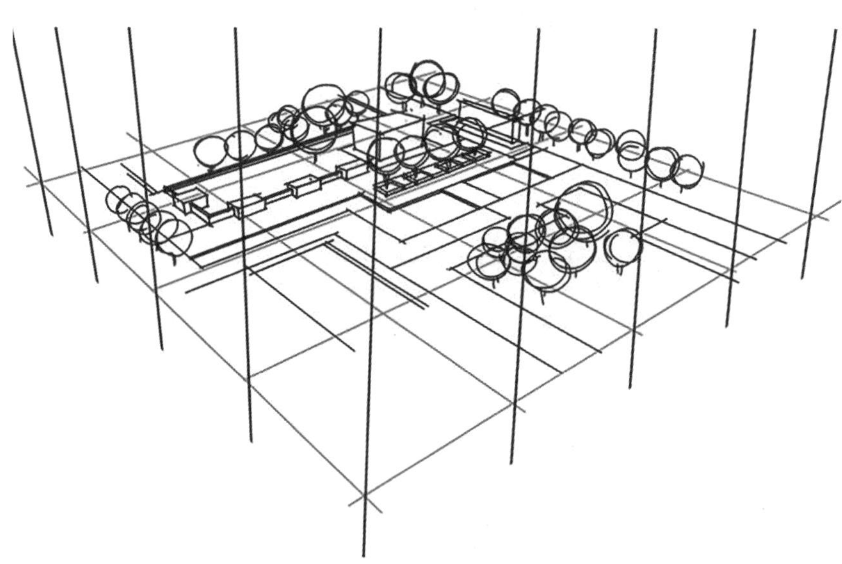

图 3-47　平面图生成三点透视空间图步骤（4）

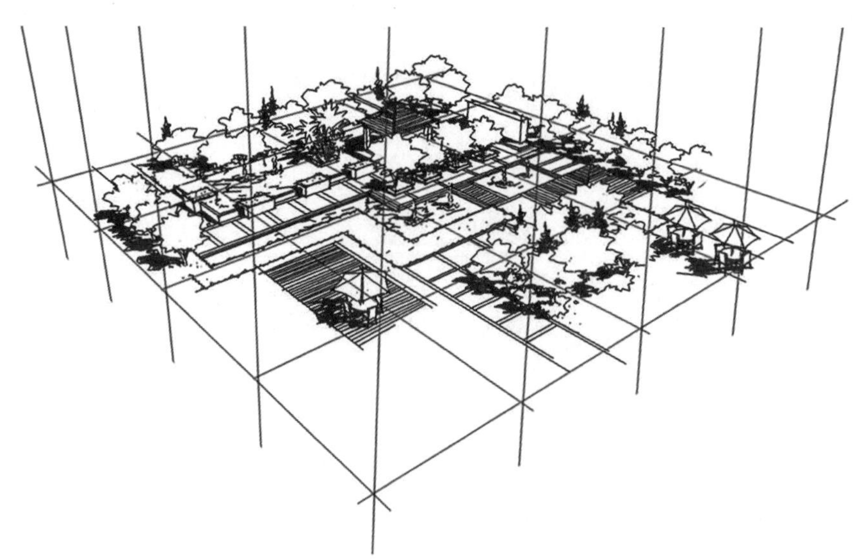

图 3-48　平面图生成三点透视空间图步骤（5）

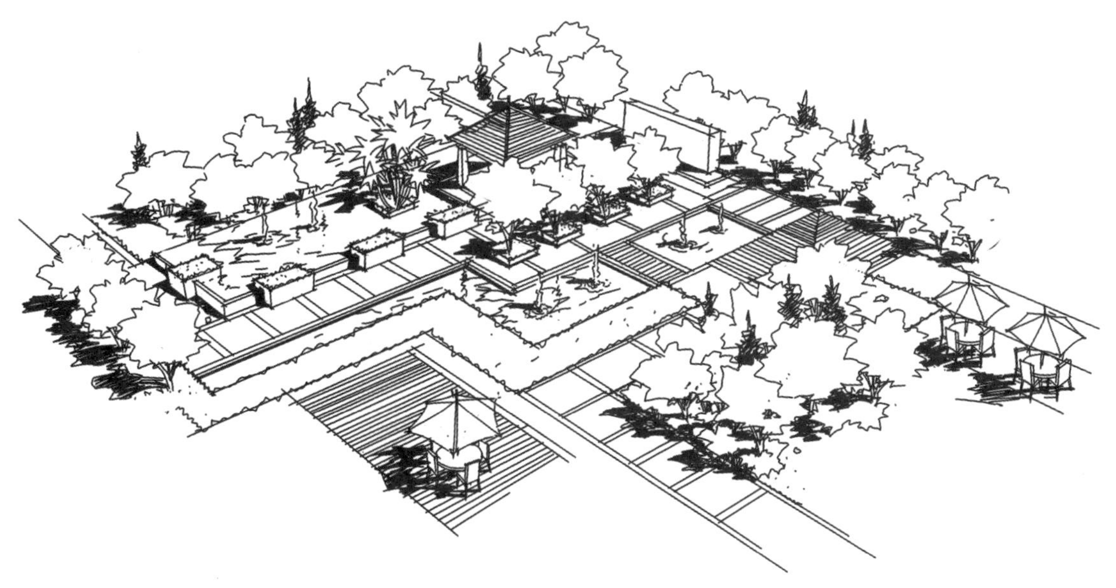

图 3-49　平面图生成三点透视空间图

3.7　景观线稿综合赏析

景观线稿综合赏析如图 3-50 ～图 3-59 所示。

图 3-50　景观线稿赏析（1）

图 3-51　景观线稿赏析（2）

图 3-52　景观线稿赏析（3）

图 3-53　景观线稿赏析（4）

图 3-54　景观线稿赏析（5）

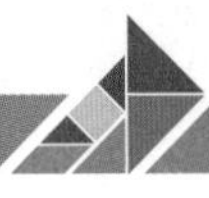

图 3-55　景观线稿赏析（6）

图 3-56　景观线稿赏析（7）

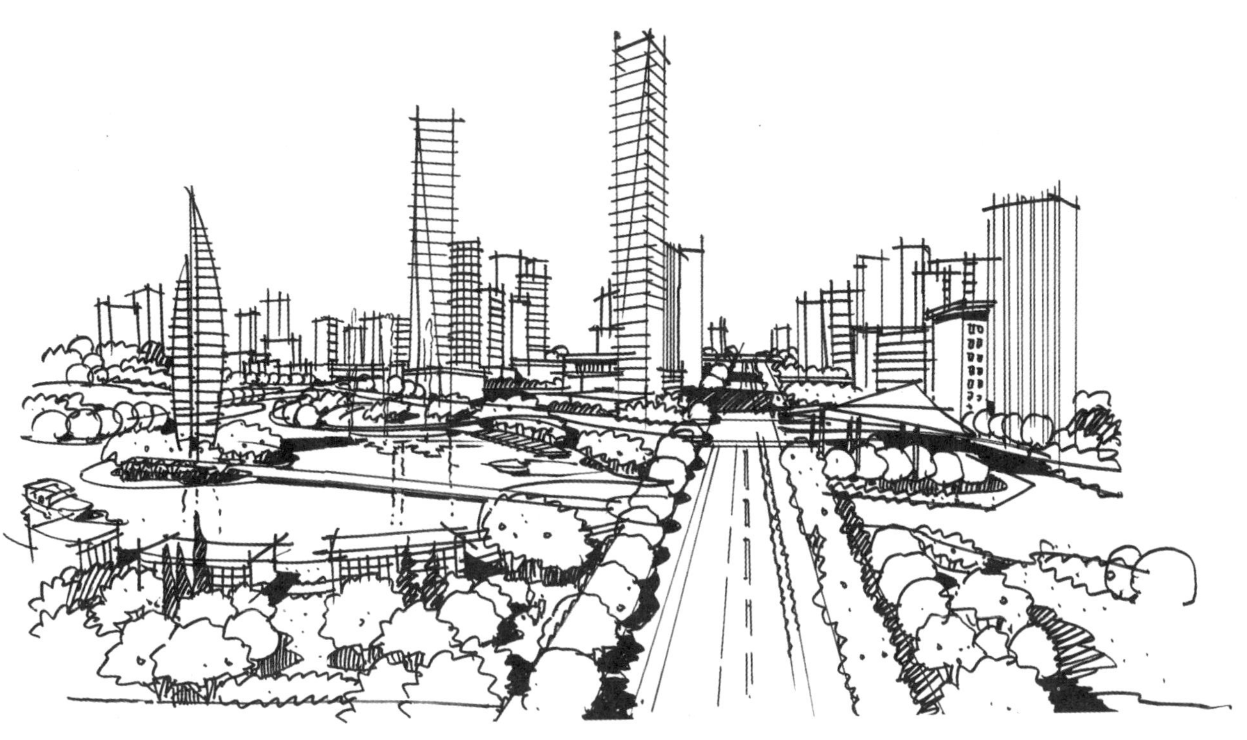

图 3-57　景观线稿赏析（8）

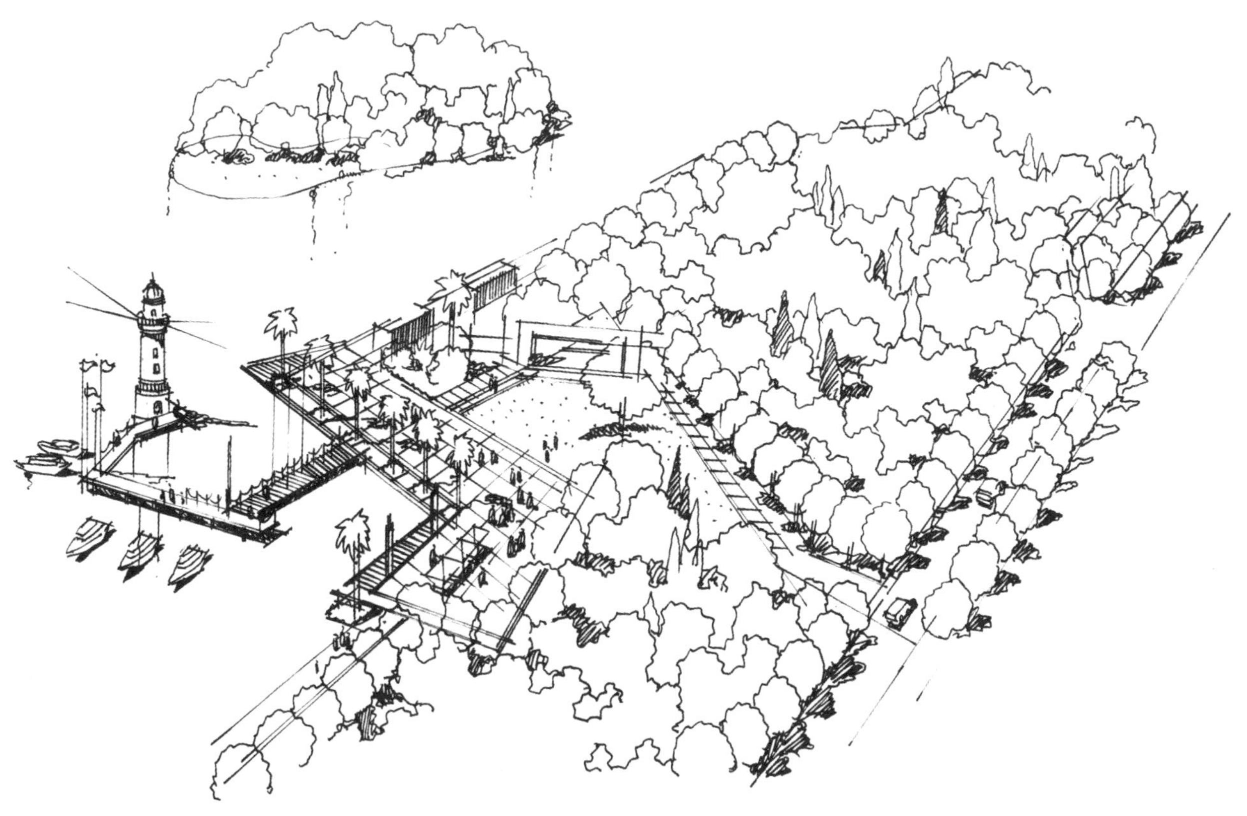

图 3-58　景观线稿赏析（9）

图 3-59　景观线稿赏析（10）

3.8　小　　结

本章重点介绍透视的基本概念、原理，以及绘制效果图最基本的方法。通过学习一点透视、两点透视及三点透视的形成规律，能运用一点透视、两点透视及三点透视在效果图中进行表现，掌握透视近大远小、近高远低、近疏远密等规律。同时也需要了解几种基本的构图方式，这是整幅画面的基础。恰当地组织透视图的构图关系，可以进一步提高效果图的表现力。在进行景观线稿的综合表现时，需要注意视点和视平线高度的选择，运用合理的尺度与构图来得到一幅完美的画面。通过本章的学习，同学们也能将效果图绘制得更加完美。

3.9　课 堂 练 习

（1）完成一幅 A3 尺寸大小的一点透视原理的表现图。

（2）完成一幅 A3 尺寸大小的两点透视原理的表现图。

（3）完成一幅 A3 尺寸大小的三点透视原理的表现图。

第 4 章 景观色彩原理与技法实用讲解

4.1 马克笔色彩及其笔触特点

4.1.1 马克笔着色技巧

常用的马克笔是酒精性的，主要通过线条的不断叠加来取得丰富的色彩效果。对初学者而言，马克笔的颜色调和是比较难的，而且不容易修改，所以上色前一定要构思好空间层次和表现手法，建议将绘制好的钢笔线稿复印几份，以练习上色或多画几幅单独的小稿练习。马克笔的表现基本上是以深色叠加浅色，否则浅色会将深色稀释，使画面变脏。同色系的马克笔每叠加一次，画面色彩就会加重一级。马克笔几乎可以用于所有纸张且会产生不同的效果，可根据需求进行选择。

1. 马克笔上色基本要点

(1) 马克笔下笔要肯定，停笔时间不宜过长，用笔遍数不宜过多，下笔要准确、快速，但切忌匆忙落笔，笔触潦草凌乱。意在笔先、线条流利、色彩明快，这是马克笔的特点。

(2) 注意线条的粗细变化。由于马克笔是单支单色的颜料，所以中间调很难表达，可以通过马克笔线条的变化来表现空间的虚实关系，还可以通过线条的粗细变化来丰富画面关系等。

(3) 注意线条的明暗变化和色彩叠加。马克笔的虚实和空间关系可以通过线条的变化来表达，但更重要的是可以通过色彩叠加来表现，同色系的叠加可以产生丰富的色彩变化，通过色彩变化来展现空间。灰色系的马克笔可以与其他色系叠加，但需要考虑色彩叠加会使纯度降低。

(4) 颜色叠加要先浅后深。马克笔的覆盖性较弱，浅色无法覆盖深色，因而在绘画时应先上浅色，然后再覆盖较深的颜色。

(5) 在上色过程中注意分析空间物体的固有色和光源色相结合（偶尔也要顾及环境色），这样才能使色彩更加丰富和谐。

(6) 注意留白。由于马克笔覆盖力差，且质地多为油性和酒精性，一般的白色颜料难以覆盖。因此在使用马克笔绘图时，多以留白来体现受光面和高光部位。此外，也可以适当使用高光笔和修正液提亮细节。

(7) 注意把握物体色彩层面上表现出来的不同文化内涵。色彩必须在不同地域、不同功能、不同类型等方面具有各自的特点，必须表达物体的独特艺术风格。

(8) 注意从整体出发，在抓住大色调的前提下进行适当的变化，做到统一中有变化，变化中不失和谐。

(9) 注意空间的层次区分。用色时也要注意近实远虚的原则，在远处的物体用有后退感的色彩，如冷色、灰色；在近处的物体要用有前进感的色彩，如暖色和纯度高的颜色等。

2. 马克笔笔触训练

马克笔的笔法也称为笔触。马克笔表现技法的具体运用方面，比较讲究的是马克笔的笔触，马克笔的笔触一般分为点笔、线笔、排笔、叠笔、乱笔等。

直线条是在马克笔运用中常见的一种笔触。线条交界线是比较明显的，它讲究快、直、稳。

马克笔线条基本绘制要点如图 4-1 ～图 4-3 所示。

(1) 线条平滑、完整，无节点，无波浪起伏。线条颜色均匀，无须叠加。

(2) 手腕锁紧不动，笔头不要离开画面纸张，眼睛提前看到线条终点位置，要快速运笔。

图 4-1 粗线条与细线条的排列

图 4-2 直线条在空间中的运用（1）

图 4-3 直线条在空间中的运用（2）

3. 不同方向的笔触表现

不同方向的笔触相对比较自由，只需要小角度的变换方向去运用，没有太多的规律性可言，关键还在于多练习。

不同方向的笔触在表现植物的时候运用比较多，这样的笔触变化随意，可以产生非常丰富的画面层次效果，富有张力。通过对笔触角度的微调，树木枝叶会显得层次丰富，如图 4-4 和图 4-5 所示。

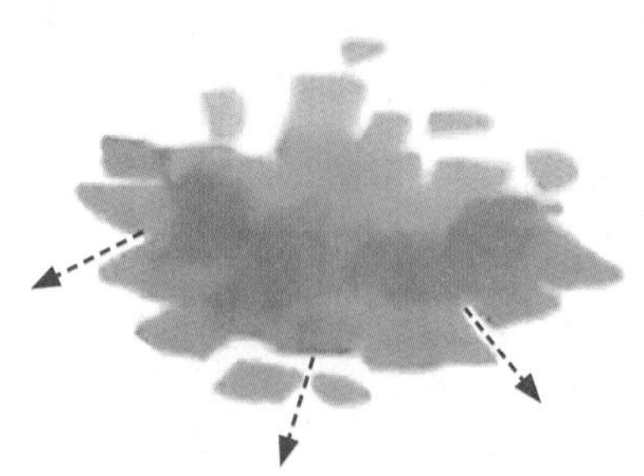

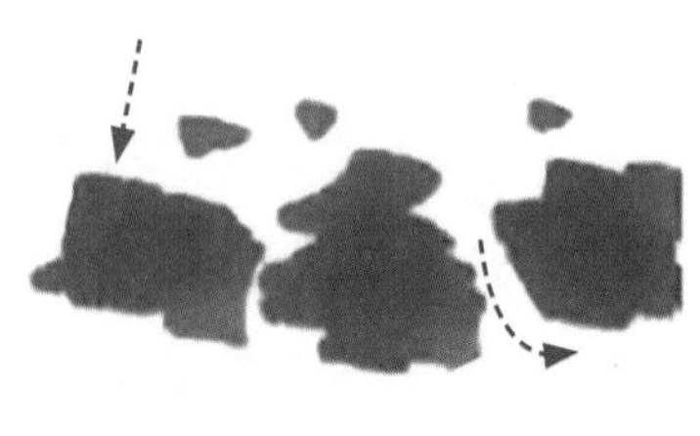

图 4-4 不同方向的笔触

图 4-5　不同方向笔触的运用

4．马克笔退晕表现技法

色彩逐渐变化的上色方法称为退晕。退晕可以是色相上的变化，比如从绿色到黄色；也可以是色彩明度上的变化；也可以是从浅到深的过渡变化；还可以是饱和度的变化。在自然环境中很少有物体是均匀着色的。直射光、反射光都可以用色彩进行过渡，使画面更加逼真、鲜艳。退晕可以用于表现画面中的微妙对比，渐变效果将退晕技法表现得淋漓尽致，是进行虚实表现的一种有效的方式。在马克笔表现中，会大量地运用到虚实过渡。

（1）色彩的渐变与过渡。通过不同深浅色调的笔触叠加可以产生丰富的画面色彩，这种笔触过渡清晰。为了体现画面明显的对比效果，体现丰富的笔触，我们常常使用几种颜色叠加，这种叠加在同类色中运用得比较多，如图 4-6 所示。

图 4-6　色彩的渐变与过渡

（2）不同色系的渐变关系。不同方向与深浅色调的叠加，尤其是两种颜色的叠加，会发现颜色色阶越接近的叠加过渡越自然，如图 4-7 所示。

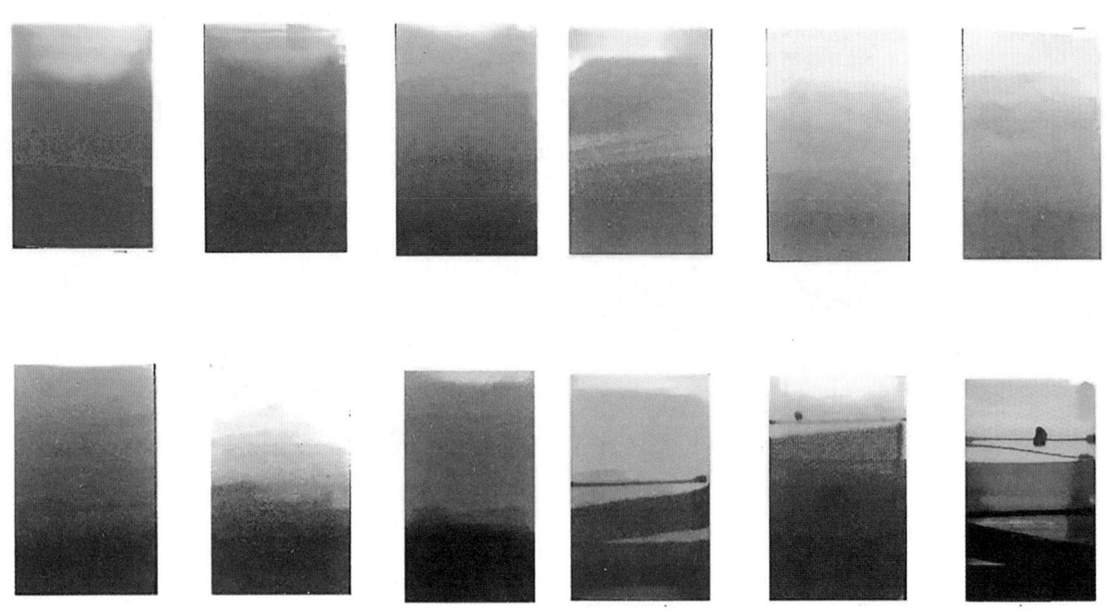

图 4-7　不同色系的渐变关系

在这里，需要注意马克笔表现的一个基本规律：受光面上浅下深，背光面则刚好相反。这种过渡可以充分地表现虚实的变化，能够充分地表现出光影的效果，同时物体的材质也因为有了这种变化关系而使手绘表现图更加丰富、精彩。

马克笔的渐变效果可以产生虚实关系，不同方向的叠加，每一层叠加颜色的色阶小，过渡就会相对自然，笔触的渐变就会使画面透气且和谐自然。渐变在画面空间中的运用如图 4-8 所示。

图 4-8　渐变在空间中的运用

5. 马克笔体块与光影训练

光影是马克笔表现的一个重要元素。通过对体块的训练，掌握画面的黑、白、灰关系，有利于加深画者对画面体块与光影关系的理解，对后期进行空间塑造也有很大帮助。在进行体块关系训练的时候，要掌握黑、白、灰三个面的层次变化。

通过几何形体进行马克笔的光影与体块的训练，可以有效练习黑、白、灰与渐变关系，如图 4-9 所示。

（1）要注意亮部的留白。

（2）亮部从下往上依次减弱。

（3）运笔要肯定，不要拖泥带水。

（4）颜色过渡要自然柔和。

图 4-9 马克笔体块与光影练习

6. 马克笔色彩叠加技巧

1）颜色的叠加

一张手绘图不可能全部是明亮的色彩，适当的灰色可以使画面更加鲜明、有生机。如何使画面更加的叠加而又不弄脏画面呢？

马克笔叠加有两种形式，即同色系叠加与不同色系叠加。第一种形式相对比较简单，可以表现一些简单的渐变效果，但是难以取得色彩的丰富变化。不同色系相互叠加时画面效果会比较丰富，但是颜色叠加不均匀容易出现画面偏灰或不干净的感觉。

同色系叠加的效果规律如下，如图 4-10 所示。

（1）选取几支不同明暗的马克笔，先用最浅的颜色垂直反复渲染几次，以铺设基本色调。

（2）在最浅的颜色干之前开始用深一点层次的马克笔进行第二次着色，在颜色交界比较明显的地方用最浅的颜色过渡，渲染几次让交叠线不那么明显。

（3）在第二遍颜色干之前用下一种深色的马克笔覆盖剩下部分的 1/3 的面积，保持深浅交界的地方不要太明显。最后形成比较柔和的色彩过渡关系。

如果需要更多的颜色，可以重复以上步骤。

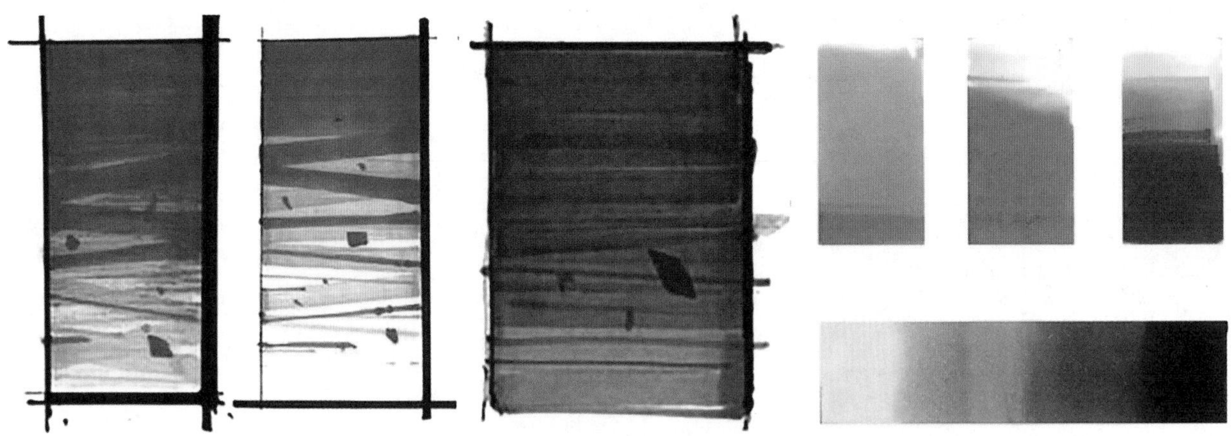

图 4-10　马克笔色系间的叠加效果

2）不同笔触的表现与空间运用

一幅图中的物体表现如果全是明显的直线笔触，画面会显得比较凌乱，无整体性。明显的笔触只是丰富画面，使画面不至于太呆板。所以，有时候因为画面需要，会适当地保留一些笔触，在第一层马克笔颜色干透之后用同样的笔在目标区域上绘图就能达到相应的效果。当不是很明显的时候，可以换一支颜色略深的马克笔绘制，如图 4-11 所示。

图 4-11　不同笔触在空间中的运用

4.1.2　不同景观材质的表现

材料的质感与肌理虽然是一种视觉的印象，但是在表现图中却可以通过色彩与线条的虚实关系来体现。通过了解与归纳各种材料的特性，可以赋予各种材质以不同的图像特征。例如，玻璃的通透性与反光的特点、金属材料强烈的反光与对比、凹凸不平的混凝土等都是材料的固有视觉语言。对材料质感与肌理特征的表达，关键在于抓住其固有特性，然后刻画其纹理特征以及环境反光等。

1．不同材质的表现

不同材质的表现如图 4-12 ～图 4-14 所示。

图 4-12　不同材质表现（1）

图 4-13　不同材质表现（2）

图 4-14　不同材质在空间中的表现

2．木材的表现

木质材料通常在室外运用得比较多，表面会涂上油漆或者做防腐染色处理，颜色会有各种不同的组合与种类，但是通常都会保留木材的基本纹理，所以木材的表现手法基本大同小异。

不同木材的表现如图 4-15 ～图 4-18 所示。

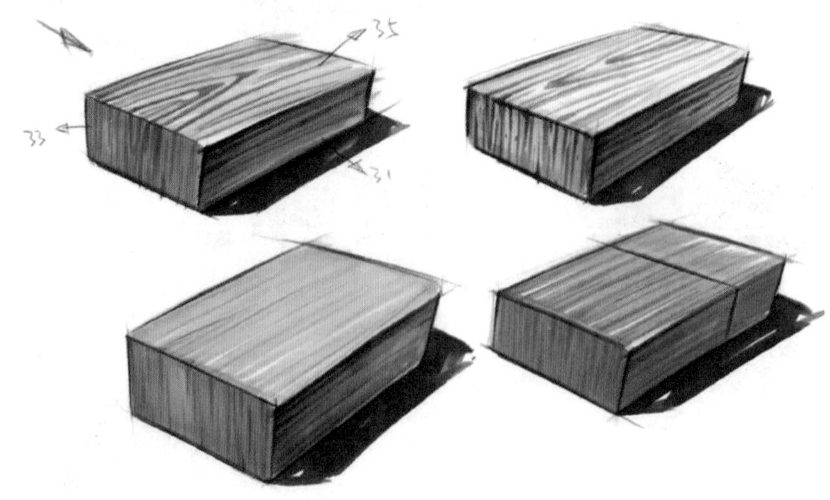

图 4-15　不同木材纹理表现

图 4-16　景观木材的运用与表达

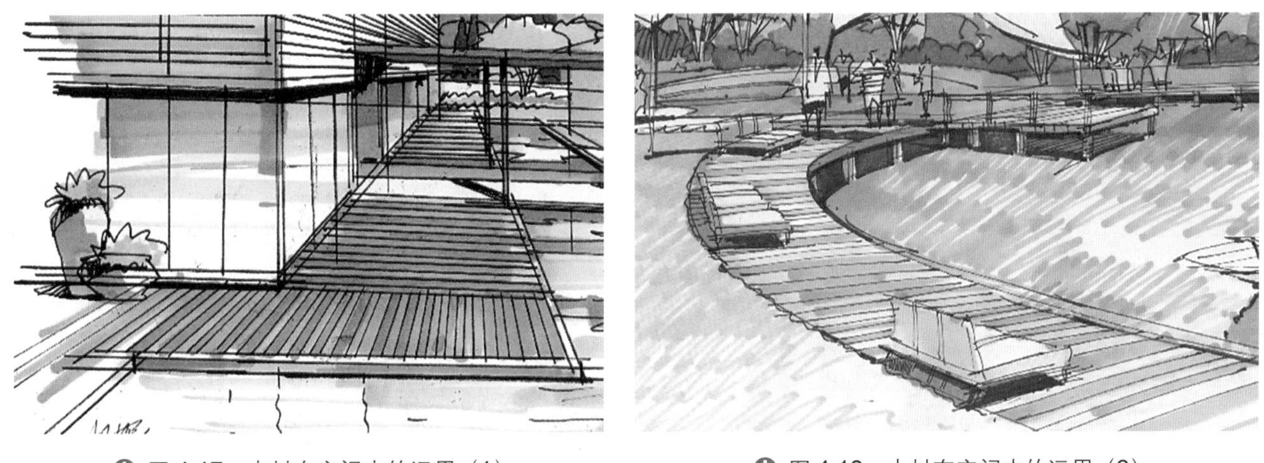

图 4-17　木材在空间中的运用（1）

图 4-18　木材在空间中的运用（2）

3．光滑石材的表现

光滑石材的特点在于反光比较强烈，有明显的镜面效果，而且受环境色彩的影响比较大。在画之前要考虑好反光与投影，先用固有颜色铺设整体的明暗关系，形成一个统一的色调。再添加垂直的投影与环境色彩，增强光滑石材的质感，统一整个画面的色调，如图 4-19 和图 4-20 所示。

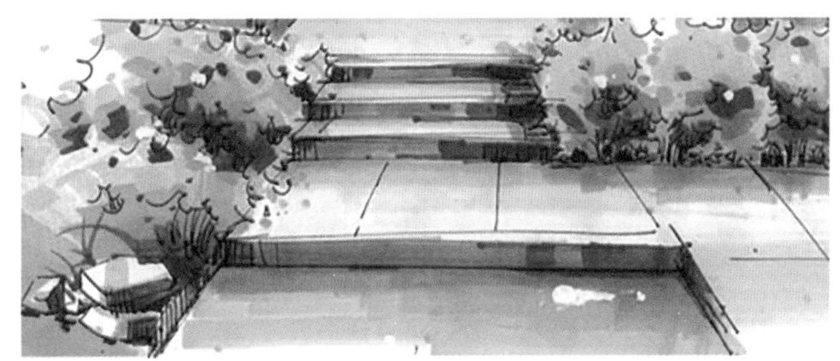

图 4-19　景观石材的表现

图 4-20　石材在空间中的运用及表现

4.2　景观元素着色表现

4.2.1　景观植物着色表现

景观园林中的植物依据其大小大致可以分为乔木、灌木、草本植物三种，主要以植物的大小来作为区分方法，如图 4-21 和图 4-22 所示。

图 4-21　景观组合表现（1）

图 4-22　景观组合表现（2）

下面介绍乔木与灌木的区别。

乔木是指树身高大的树木，有独立的主干，树干和树冠有明显的区分，有一个直立主干且高达 6 米以上。与低矮的灌木相对应，通常见到的高大树木都是乔木，如木棉、松树、玉兰、白桦、松树等。乔木按冬季或旱季落叶与否，又分为落叶型乔木和常绿型乔木。乔木类树体高大（通常 6 米至数十米），具有明显的高大主干。乔木也可依其高度分为伟乔（31 米以上）、大型乔木（21 ~ 30 米）、中型乔木（11 ~ 20 米）、小型乔木（6 ~ 10 米）四级。

灌木是指那些没有明显的主干、呈丛生状态、成熟植株在 3 米以下（一般不会超过 6 米）的多年生木本植物，一般可以分为观花、观果、观枝干等几类。常见灌木有玫瑰、杜鹃、牡丹、黄杨、沙地柏、铺地柏、连翘、迎春、月季、荆、茉莉、沙柳等。

1．乔木的表现方法及步骤表现图

（1）根据乔木的生长形态特点，完成基本的形体刻画。

（2）从乔木的向光面开始上色，由浅到深完成整体的色彩关系的铺设。

（3）加强植物间的色彩明暗对比，同时对植物的枝干、叶片进行更加深入的刻画，调整整体的画面效果，如图 4-23 ~图 4-26 所示。

图 4-23　植物组合注意前后关系

图 4-24　用浅色铺出大色调

图 4-25　注意前后明暗、冷暖关系

图 4-26　完善画面，使空间层次更加丰富

不同乔木的上色效果表现如图 4-27 ～图 4-31 所示。

图 4-27　不同乔木的色彩表达

图 4-28　乔木的不同表现形式（1）

图 4-29　乔木的不同表现形式（2）

图 4-30　棕叶型乔木的表现（1）

图 4-31　棕叶型乔木的表现（2）

2．灌木的表现方法

（1）根据灌木的特点勾画出大概的形体，线稿阶段不宜刻画得过于深入，保持大概的形体关系就好。

（2）设置光线的来源方向，铺设亮面与暗面的色彩，亮面的色彩与暗面的色彩要有明确的明暗对比。

（3）当笔的颜色比较容易散开时，刻画时外轮廓应适当放松，不宜画得太紧凑。

（4）调整画面整体色彩，协调画面关系，在亮面适当增加一点枝叶的细节，可以让画面更加生动，如图 4-32 所示。

不同灌木的上色效果表现如图 4-33 ～图 4-35 所示。

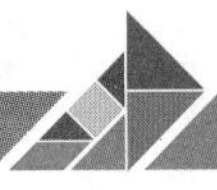

图 4-32 灌木的组合表现

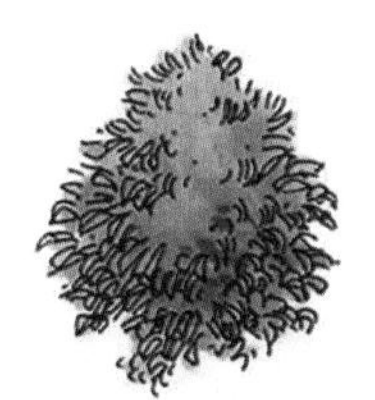

图 4-33 不同灌木的表现形式

图 4-34 棕叶型灌木的表现（1）

图 4-35 棕叶型灌木的表现（2）

4.2.2 景观山石水景着色表现

景观园林的设计中，山石、水景的表现有动静之分，有深有浅。在表现其材质、动静时，运笔要干脆，根据不同的石材表现不同的色彩，最主要的是表现出石头的体块感。水是有深有浅的，自然用色也有所考虑，选择不同色阶的马克笔，也要注意运笔的方向，要顺着物体走，比如画流水时，要注意流水的流向、速度等，如图 4-36 ~ 图 4-38 所示。

图 4-36　不同景观石材表现

图 4-37　景观山石水景表现（1）

图 4-38　景观山石水景表现（2）

4.2.3 天空着色表现

天空的上色表现有多种方法，常用的四种表现方法为排线过渡法、色块平涂法、快速排线法、彩铅画法。在景观中表现天空主要是起衬托背景的作用，所以不宜过于花哨，以免喧宾夺主。

排线过渡法：从一个方向到另外一个方向，由浅到深，整体受光变化的影响，如图 4-39 所示。

色块平涂法：马克笔大色块的平涂，用笔大胆画出云的感觉，这样显得背景更加自然，如图 4-40 所示。

图 4-39 排线过渡法

图 4-40 色块平涂法

快速排线法：这种画法就画云而画云，线条自由、奔放，可以极好地活跃画面空间，如图 4-41 所示。

彩铅画法：以蓝色系的彩铅统一从一个角度和方向排列线条，由前往后，前重后淡，并预留出想要的云朵形状，如图 4-42 所示。

图 4-41 快速排线法

图 4-42 彩铅画法

4.2.4 人物着色表现

人物着色表现很简单，不一定要像画服装人物那样面面俱到，运用简单色块表达明暗关系即可。景观人物在空间中应该起到点缀、活跃面面的作用，动静结合让空间富有生命力，如图 4-43 ～图 4-45 所示。

注意： 在选择人物颜色时，要根据画面的整体颜色来调控。在画面中不要过于突出，也不宜太花哨。

图 4-43　人物的上色表现

图 4-44　商业景观中人物的表现

图 4-45　人物在画面空间中的表现

4.3　景观色彩综合表现（步骤）解析

4.3.1　商业会所景观马克笔表现解析

步骤 1：线稿表现除需要注意构图、透视、比例和结构的刻画外，还需要对光影和细节进行表达，使刻画的空间完整清晰地展现出来。线稿是整个图纸的骨架，是决定一幅优秀作品的重要前期因素，所以线稿的绘制显得极为重要，而且需要刻画得尽可能的完整，如图 4-46 所示。

图 4-46　线稿绘制（1）

步骤 2：在线稿刻画比较完整的情况下，先用颜色较浅的马克笔铺大色调，确定主体的固有色，因为主体在空间中所占的面积比较大。同时还要注意前后的空间虚实关系和光影的明暗关系，明确区分出亮面、暗面和灰面的关系，也需要把握整个空间的色调和氛围，如图 4-47 所示。

图 4-47　初步上色（1）

步骤 3：在把握好画面色彩基调的前提下，空间感的处理要注意远虚近实，近处对比强，远处对比弱。为了使整个空间的表现显得轻松明快，在硬质铺装处可以留白或者使用浅灰色马克笔进行表达，如图 4-48 所示。

步骤 4：继续丰富画面，根据整个空间的色彩基调和氛围去刻画细节，用钢笔、勾线笔、高光笔等工具去刻画细节材质，调整画面，强调虚实，加强进深感，如图 4-49 所示。

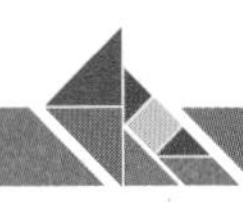

图 4-48　强调明暗虚实（1）

图 4-49　细节刻画（1）

4.3.2　滨水景观马克笔表现解析

步骤 1：按透视的原理初步完成景观中花坛、步道、水池的透视线稿图，再勾勒乔木、灌木、远景来打造天际线的韵律感。局部暗面用马克笔加重，形成空间感并加强画面的虚实对比，如图 4-50 所示。

步骤 2：绘制完线稿后，开始铺设总体的大色调，对画面中占主体地位的植物进行着色，在色相、明度和纯度上要有区分，远处与近处的乔木和灌木分别用不同颜色的马克笔去表现，远处整体表现色调偏冷灰，近处则需刻画得较细致且色彩饱和度偏高，以表现出它们之间的前后关系，如图 4-51 所示。

图 4-50 线稿绘制（2）

图 4-51 初步上色（2）

步骤 3：在将画面统一协调后，可以适当地对景观中的明暗进行强调，刻画近景中的花坛、台阶步道、水景的细节。整个空间的表达处理要呈现出近处对比强、远处对比弱的感觉，如图 4-52 所示。

步骤 4：进一步丰富画面，根据整个空间的色调和氛围，运用高光笔、勾线笔去刻画景观中各类材质的细节。最后整体调整画面，强调明暗对比及空间的虚实，加强进深感，如图 4-53 所示。

4.3.3 度假别墅景观马克笔表现解析

步骤 1：用笔勾勒出画面整体的比例和透视关系，保证主体景观的完整性，以主体为中心刻画两侧的物体。明确暗部关系；稍微弱化配景，以免喧宾夺主，如图 4-54 所示。

图 4-52 强调明暗虚实（2）

图 4-53 细节刻画（2）

图 4-54 线稿绘制（3）

步骤 2：从配景开始切入，铺出植物、水体的固有色，明确光影和远近对比。植物的表现可以适当放低，不要铺得过满或颜色过深，如图 4-55 所示。

图 4-55　初步上色（3）

步骤 3：结合画面丰富色彩的变化，点缀一定的人物与小品配景。用勾线笔加深物体的形体刻画，保证形体的完整性。表现构筑物与植物、人物之间的关系时要明确前后，不要黏在一起，要处理得当，如图 4-56 所示。

图 4-56　强调明暗虚实（3）

步骤 4：对画面整体调整，加深细节的刻画，注意画面的冷暖、明暗和空间关系，如图 4-57 所示。

图 4-57　细节刻画（3）

4.3.4　旅游景观马克笔表现

步骤 1：将线稿勾勒出来，重点描绘建筑形体结构，把握好透视与比例关系，突出主体位，如图 4-58 所示。

图 4-58　线稿绘制（4）

步骤 2：整体切入，确定画面的主体色调，铺出建筑的固有色和明暗，注意建筑体块之间的关系。刻画细节，将植物的大色调表现出来，深入表达环境，丰富画面构成之间的色彩关系和空间层次，如图 4-59 所示。

图 4-59 初步上色（4）

步骤 3： 对画面整体进行调整，建筑受光部分大胆留白，暗部敢于加重但能区分出细节变化，绘制天空时强化主体物的结构线，最后点取高光并完成绘制，如图 4-60 所示。

图 4-60 强调明暗虚实（4）

图 4-61 ~图 4-72 是对各种景观空间的设计手绘表达，这些作品具有唯美的笔触、巧妙的构图、丰富的色彩关系，可以方便初学者临摹练习。这些作品也是对本章知识点的集中体现和应用。

图 4-61　景观效果图欣赏（1）

图 4-62　景观效果图欣赏（2）

图 4-63　景观效果图欣赏（3）

图 4-64　景观效果图欣赏（4）

图 4-65　景观效果图欣赏（5）

图 4-66　景观效果图欣赏（6）

图 4-67　景观效果图欣赏（7）

图 4-68　景观效果图欣赏（8）

图 4-69　景观效果图欣赏（9）

图 4-70　景观效果图欣赏（10）

图 4-71　景观效果图欣赏（11）

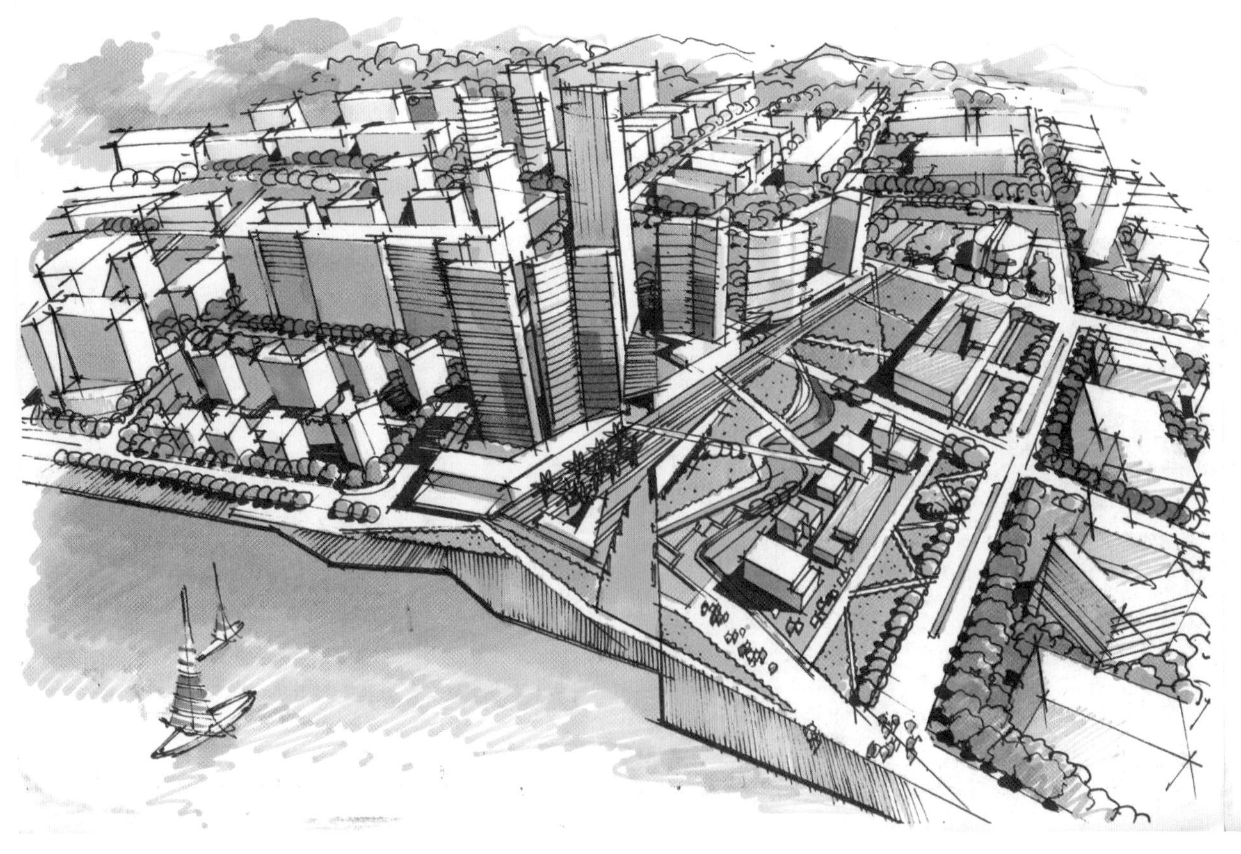

图 4-72　景观效果图欣赏（12）

4.4 小　　结

本章介绍了马克笔在设计效果表达中的运用。马克笔属于快干、稳定性高的表现工具，有非常完整的色彩体系可供选择，从而被广泛使用。色彩是线稿设计后的进一步深化，如何根据想要的方案效果去运用合适的笔触与色彩搭配是表达的基础。在效果图表达的过程中需要明确图面中建筑与景观之间的关系，在确定画面前后、虚实、明暗和色彩的大关系后，对其进行细部的深入刻画，使之具有更佳的表现效果。

4.5 课堂练习

（1）完成一幅 A3 大小的马克笔排线与退晕练习。

（2）完成一幅 A3 大小的单体植物景观表现图。

（3）完成一幅 A3 大小的场景马克笔景观表现图。

第 5 章
景观快题设计表达

5.1　景观平面元素表现

5.1.1　景观设计平面基础知识

平、立、剖面图是在公司方案设计中最常用到的，其相应的基本规范是作为设计师必须要掌握的，即使是在手绘图中，掌握对平、立、剖面图的正确表达也是非常有必要的，精确美观的图纸表达对于甲方、客户、观者都能起到提升读图效率的作用。

在平面、立面、剖面和鸟瞰图中，平面图最有用、最重要。平面性很强的园林设计更能显示出平面图的重要性。平面图能表现整个园林设计的布局和结构、景观和空间构成以及诸设计要素之间的关系。

平面图也叫作“总体布置图”，按照规定比例绘制，表示建筑物、构筑物的方位、间距以及道路网、绿化、竖向布置和基地临界情况等。平面图上有指北针，有的还有风玫瑰图。平面图是表明功能区域及相关构造元素所在基础有关范围内的总体布置，它反映新建、拟建、原有和拆除的房屋、构筑物等的位置和朝向，室外场地、道路、绿化等的布置，以及地形、地貌、标高等情况，如图 5-1 所示。

在平面图的表达中，为了达到易于辨认的目的，我们在绘制时要注意不同线型的变化，包括线型的粗细变化，这样能使画面层次感丰富、图面精致。但是普通的墨线稿有时需要仔细辨认，并结合标注才能理解设计意图。因此，利用明暗表达法，使总图的建筑物、构造物、植物等设计要素与基地的光线方向结合，显示出建筑物、构造物、植物等元素在平面图上的投影，使得平面图更加立体、清晰、易读。景观平面图如图 5-2 所示。

5.1.2　景观平面树画法表现

在各阶段的设计中，平面图的表现方式有所不同，施工图阶段的平面图较准确、表现较细致；分析或构思方案阶段的平面图较粗犷、线条较醒目，多用徒手线条图，具有图解的特点。平面图可以看作点在园景上方无穷远处投影所获得的视图，加绘落影的平面图具有一定的鸟瞰感，带有地形的平面图因能解释地形的起伏而在园林设计中显得十分有用。

在景观平面图的表现中，各种形式的平面植物图例表现最为复杂，也是画好一张平面表现图的前提，所以在画之前必须熟悉不同植物的平面图例的表现方法。植物的种类很多，各种类型产生的效果不同，表现的时候应该加以区别，平面树画法如图 5-3 所示。

CONCEPT PLAN LEGEND

① 草坪
② 种植池
③ 叠水喷泉
④ 喷泉
⑤ 大厅露台
⑥ 叠水瀑布
⑦ 广场
⑧ 亭子
⑨ 售卖亭
⑩ 景观植栽
⑪ 婚宴凉亭
⑫ 现状水文
⑬ 庭院小路
⑭ 临水咖啡厅
⑮ 现状围墙
⑯ 室内网球场
⑰ 花园咖啡厅
⑱ 酒店大堂
⑲ 现状步行桥
⑳ 防火通道
㉑ 鹊桥

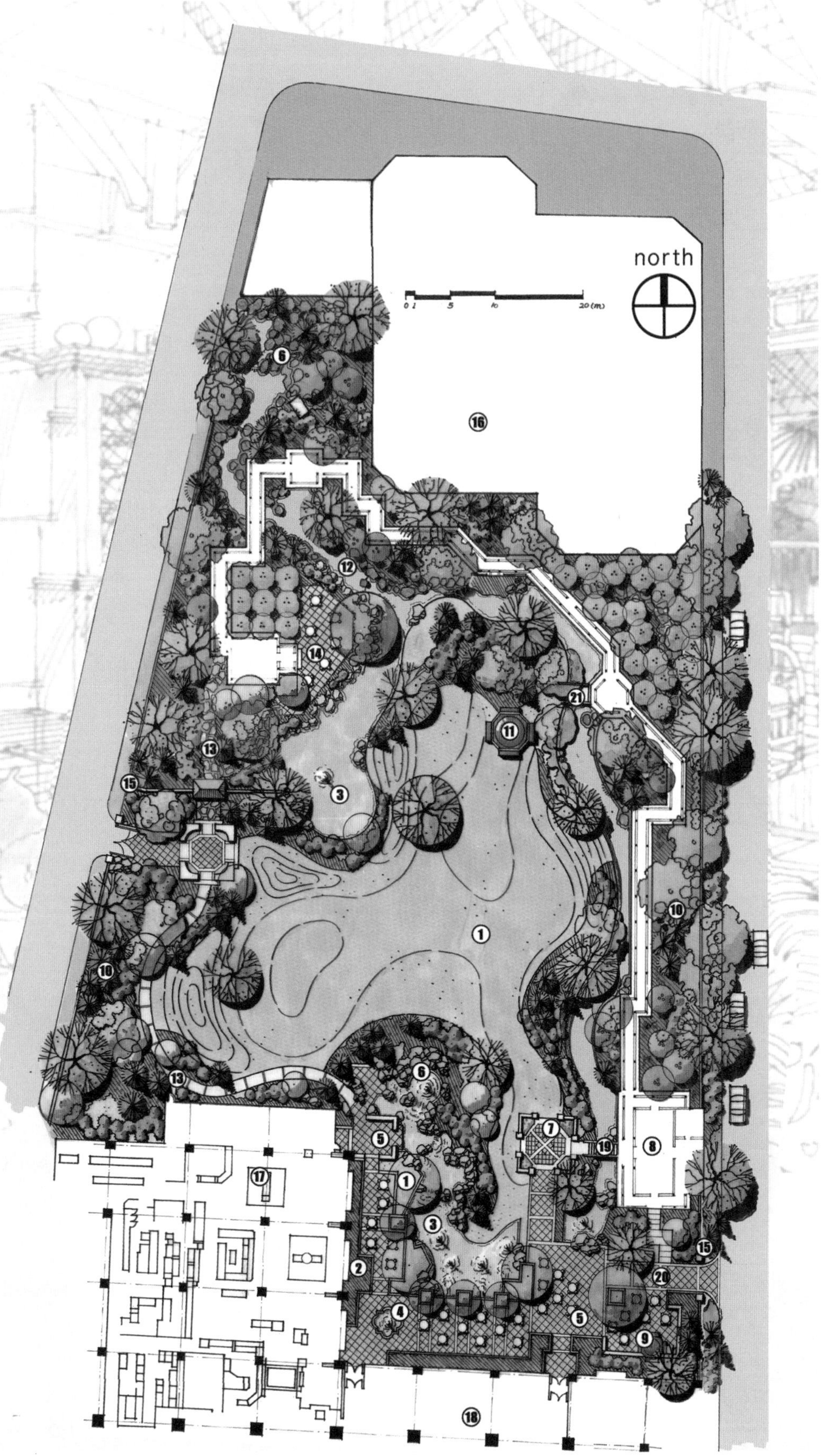

图 5-1　景观平面图（1）

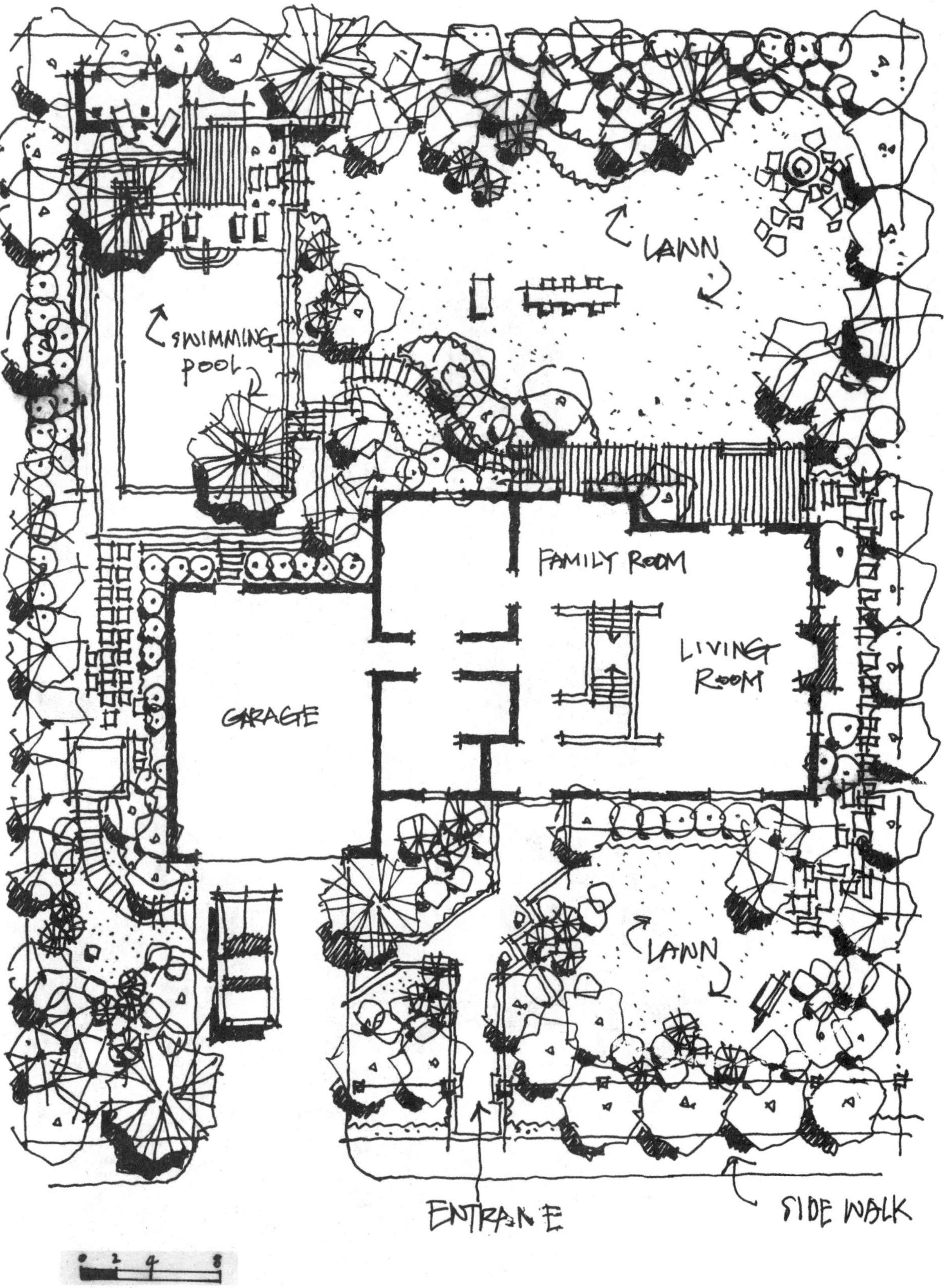

LAWN
SWIMMING POOL
FAMILY ROOM
LIVING ROOM
GARAGE
LAWN
ENTRANCE
SIDE WALK
0 2 4 8

图 5-2　景观平面图（2）

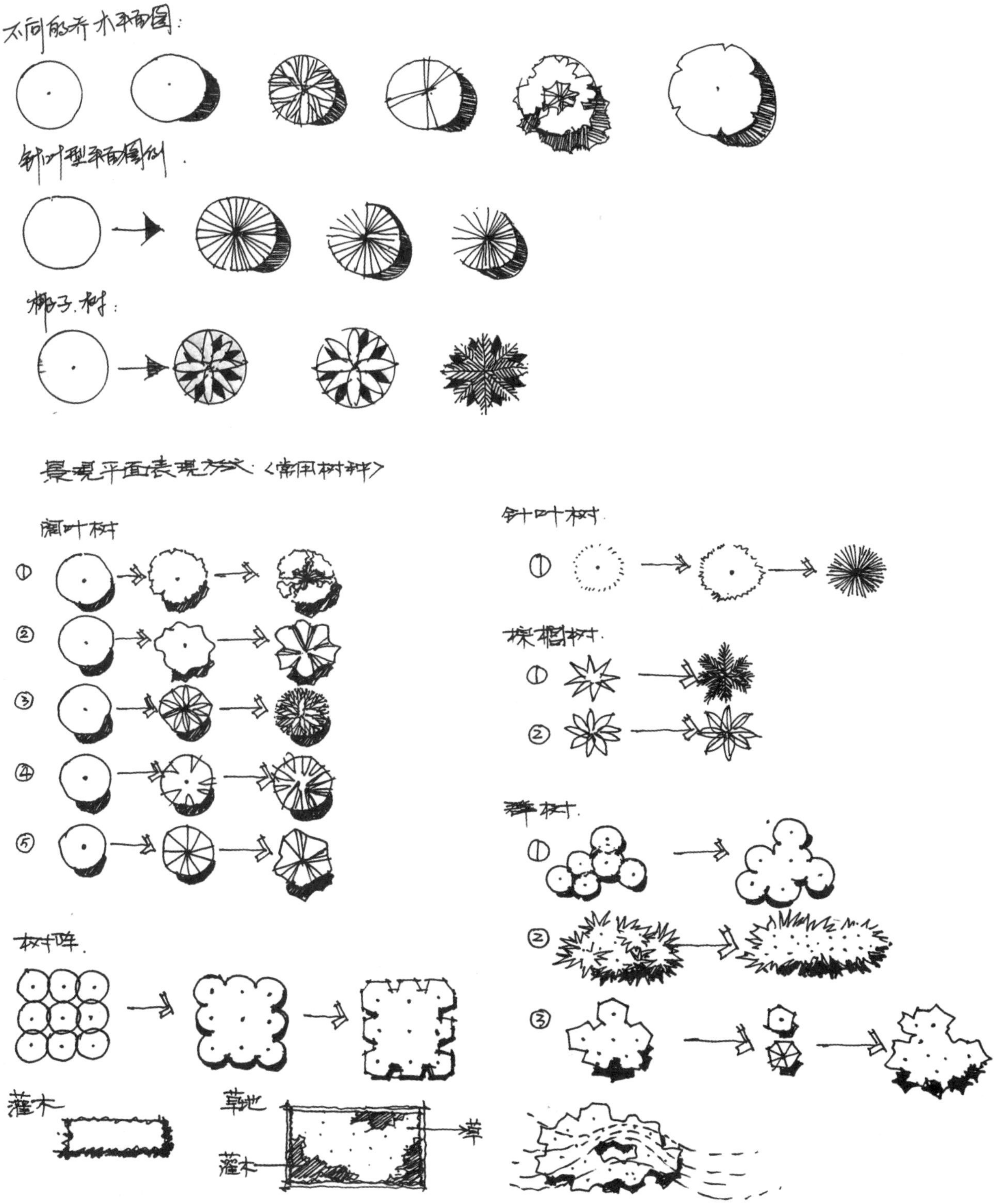

图 5-3 平面树画法

1．不同类别植物平面图例

轮廓型：树木平面只用线条勾勒出轮廓来，线条可粗可细，轮廓可光滑也可以带缺口。

分枝型：在树木平面中只用线条组合表示树枝与树干的分支。

枝叶型：在树木平面中既表示分支，又表示冠叶。树冠可用轮廓表示，也可用质感表示。

2. 景观平面图表现要点解析

平面图表现如图 5-4 所示。

(1) 当画几株相连的相同树木的平面时，应适当注意避让。

(2) 平面图中的架构很多时候就用简单的轮廓表示。在设计图纸中，当树冠下有花台、水面等低矮的设计内容时，树木不应过于复杂，要注意避让，不要遮挡住下面的内容。

(3) 物体的落影是平面重要的表现方法，它可以增加图片的对比效果，使图面明快生动。

(4) 景观构筑物包括亭、廊、雕塑、花坛、桥等，这些都是熟练掌握景观平面画法的必备物。

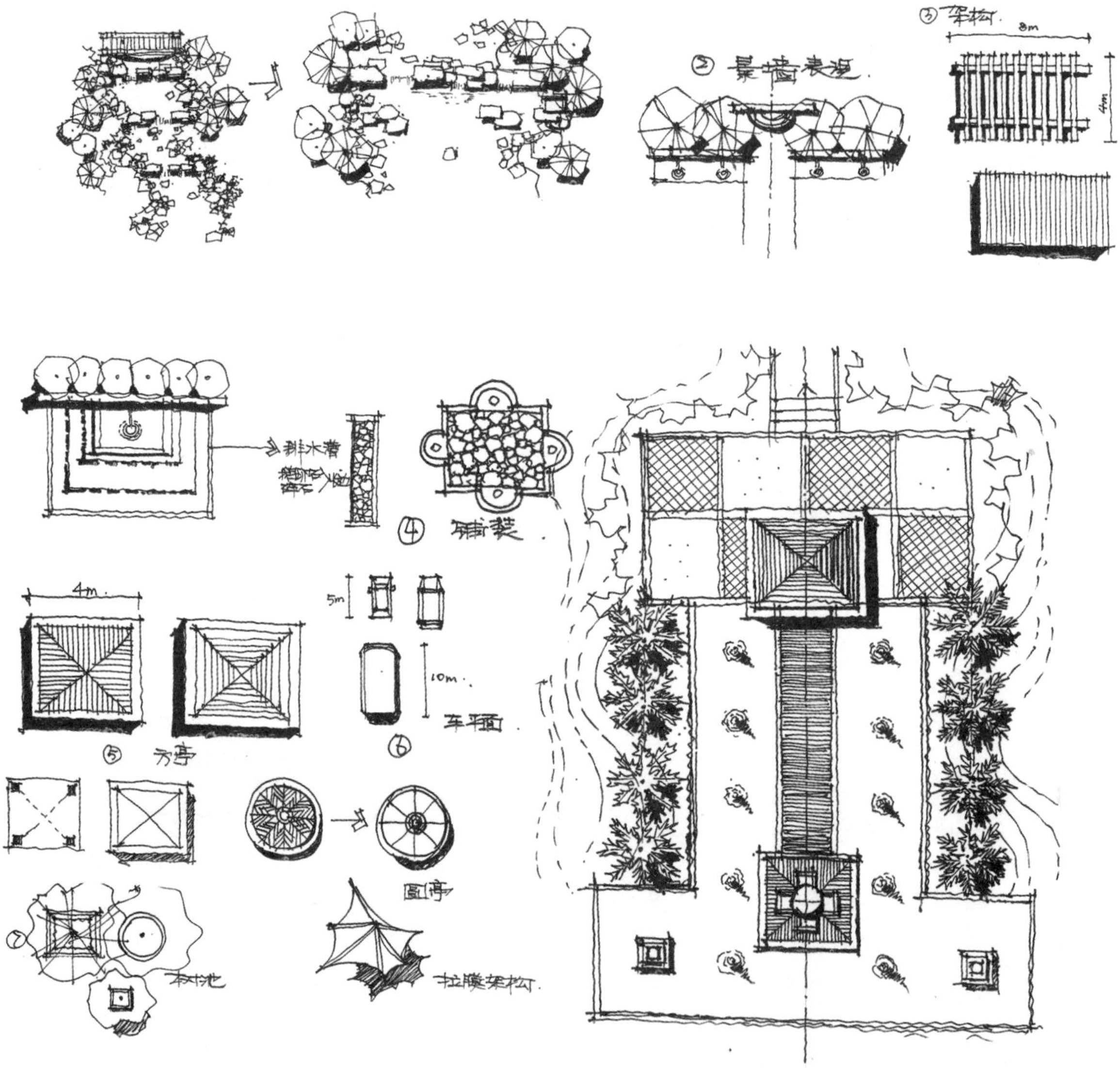

图 5-4 平面图表现

5.1.3 景观平面范例

1. 景观平面图绘制要点

(1) 点、线、面是景观设计中的造型元素，是景观设计中不可缺少的重要应用元素。点、线、面各要素的种类、形态、视觉特性的不同应用就会产生不同的景观效果，如图 5-5 和图 5-6 所示。

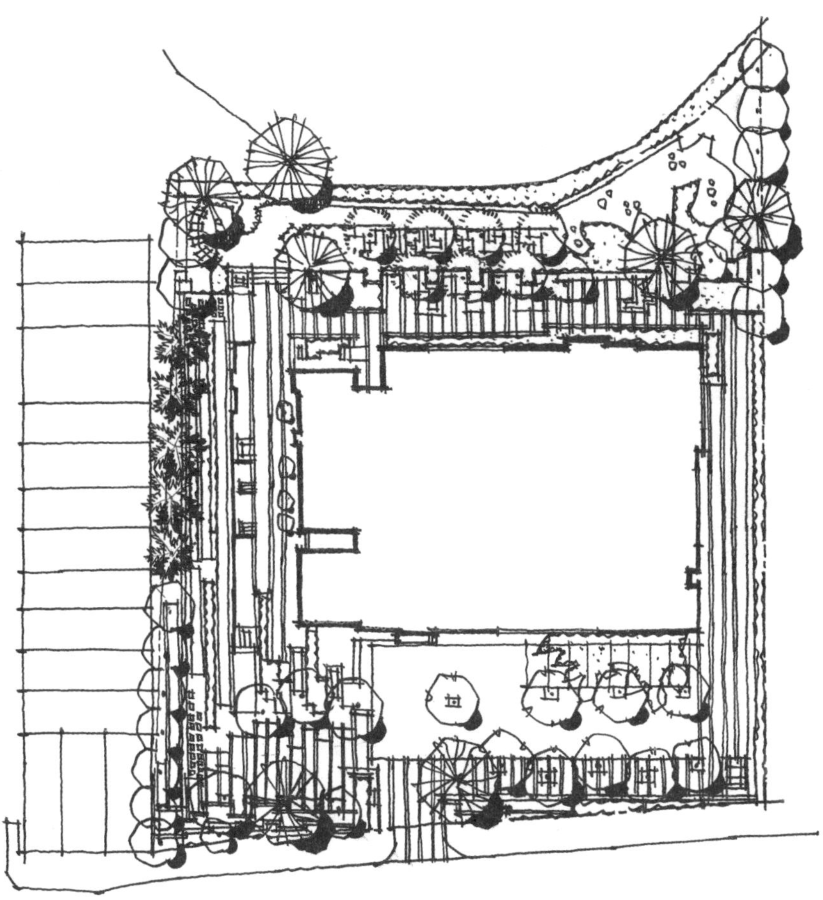

图 5-5　总平面表达（1）

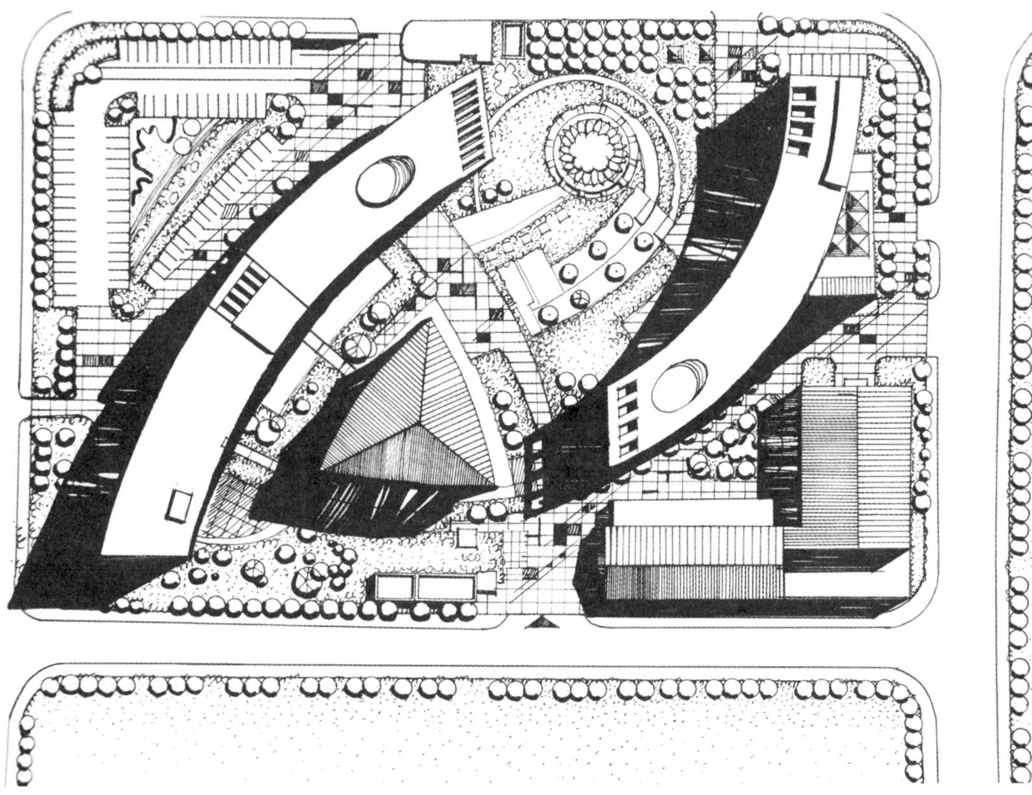

图 5-6　总平面表达（2）

(2) 在平面设计中，线分为直线、曲线、斜线、折线等不同的类型。不同的线型在景观设计的应用中会产生不同的景观效果，如图 5-7 和图 5-8 所示。

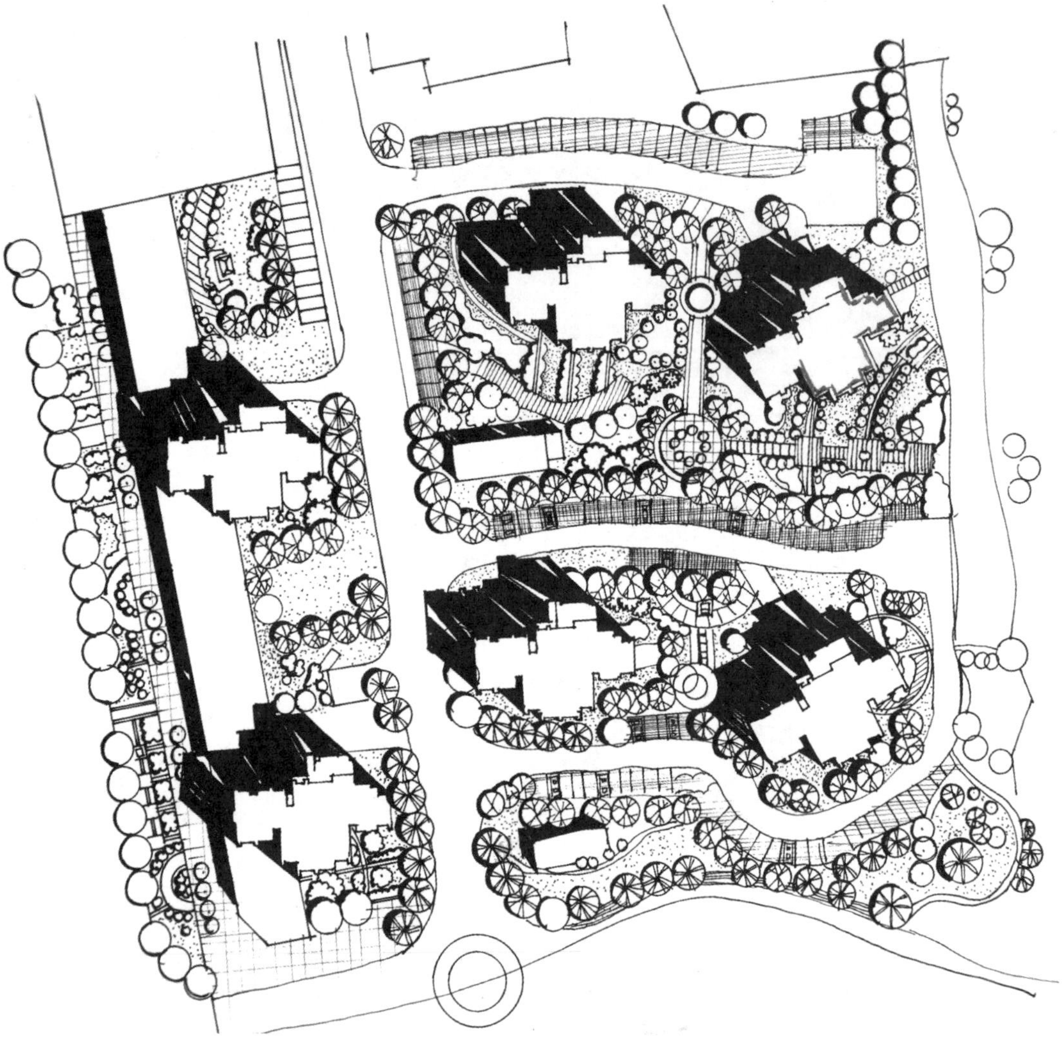

图 5-7　总平面表达（3）

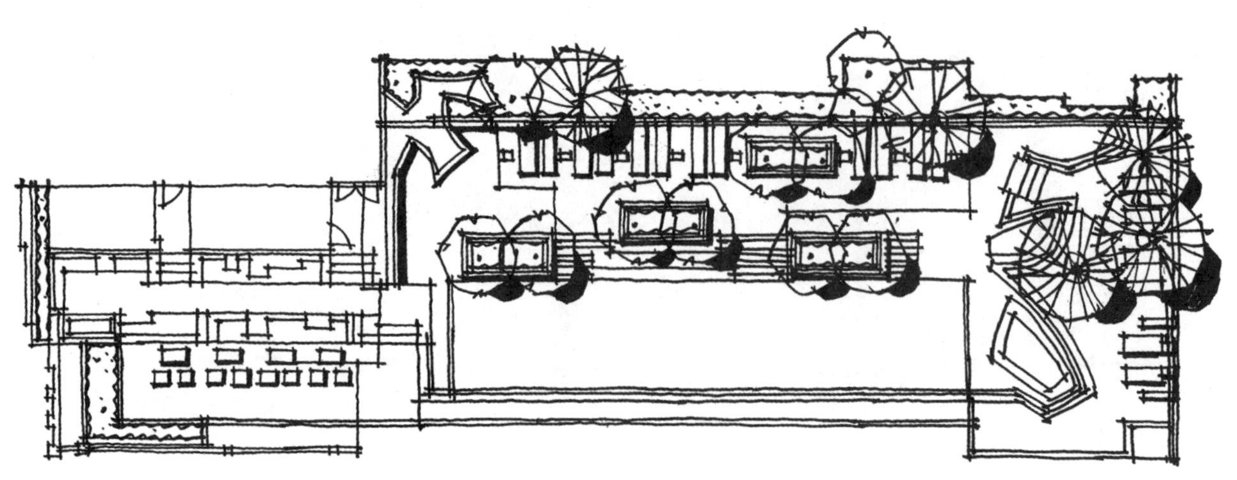

图 5-8　总平面表达（4）

(3) 注意在绘制时，应该让密的地方重，疏的地方轻，才能体现整体的轻重与疏密感，如图 5-9 所示。

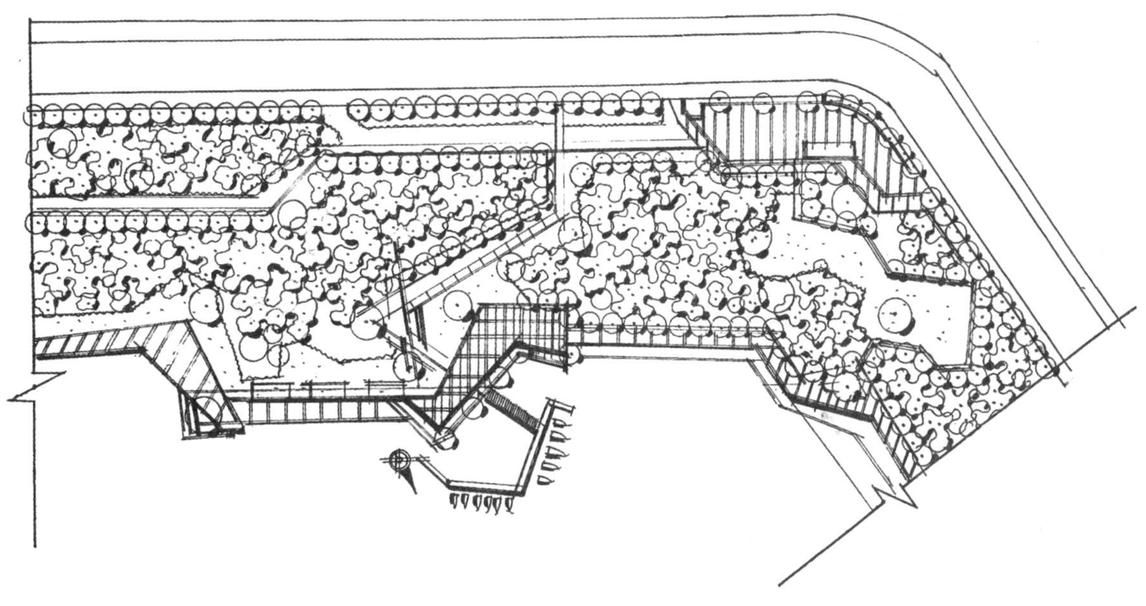

图 5-9　总平面表达（5）

2．景观平面图步骤解析

步骤 1：先画出整个空间的结构关系，确定每个设计元素的平面位置，如图 5-10 所示。

步骤 2：在步骤 1 的基础上丰富空间结构的细节，然后画出整个空间中的植物位置与大小比例，并确定光源方向，再添加明暗方向，如图 5-11 所示。

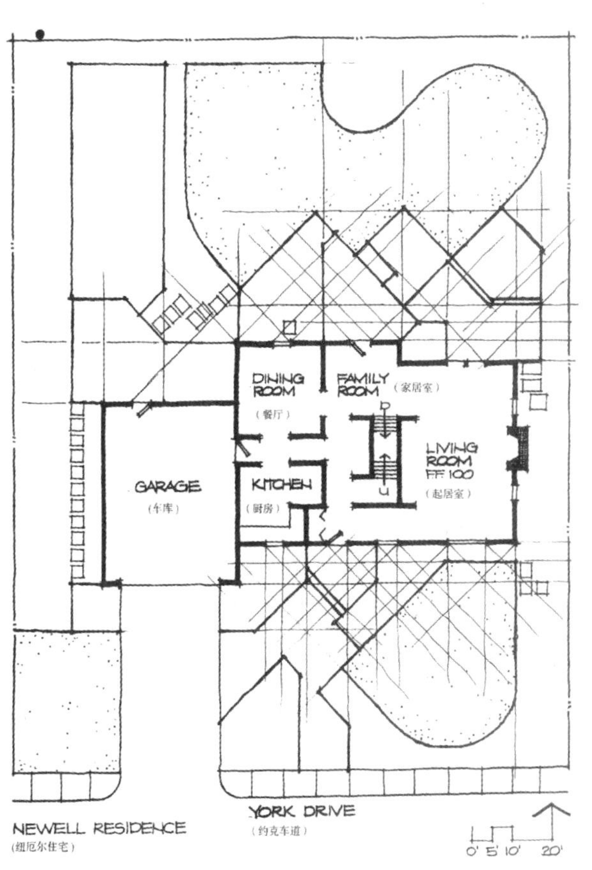

图 5-10　平面步骤解析图（1）

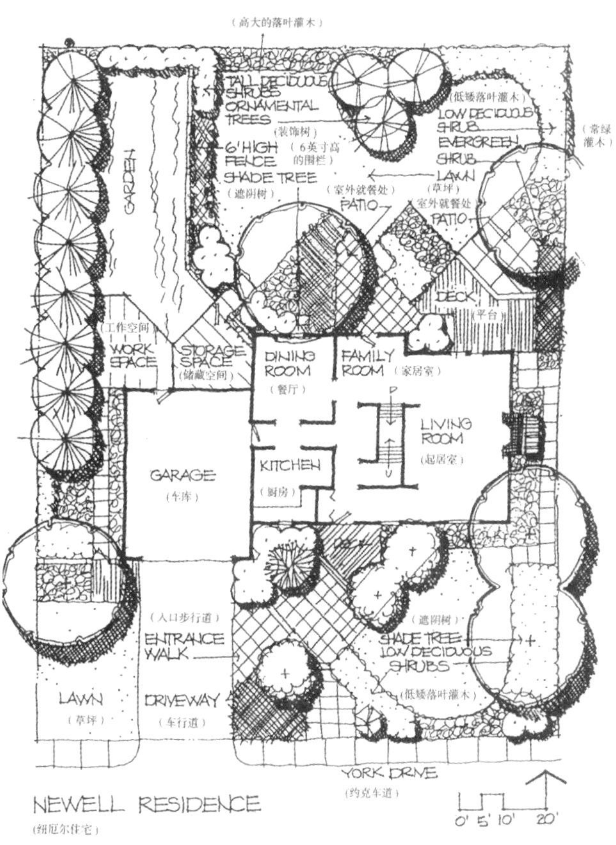

图 5-11　平面步骤解析图（2）

步骤 3：丰富画面细节，增加明暗对比，完善画面，如图 5-12 所示。

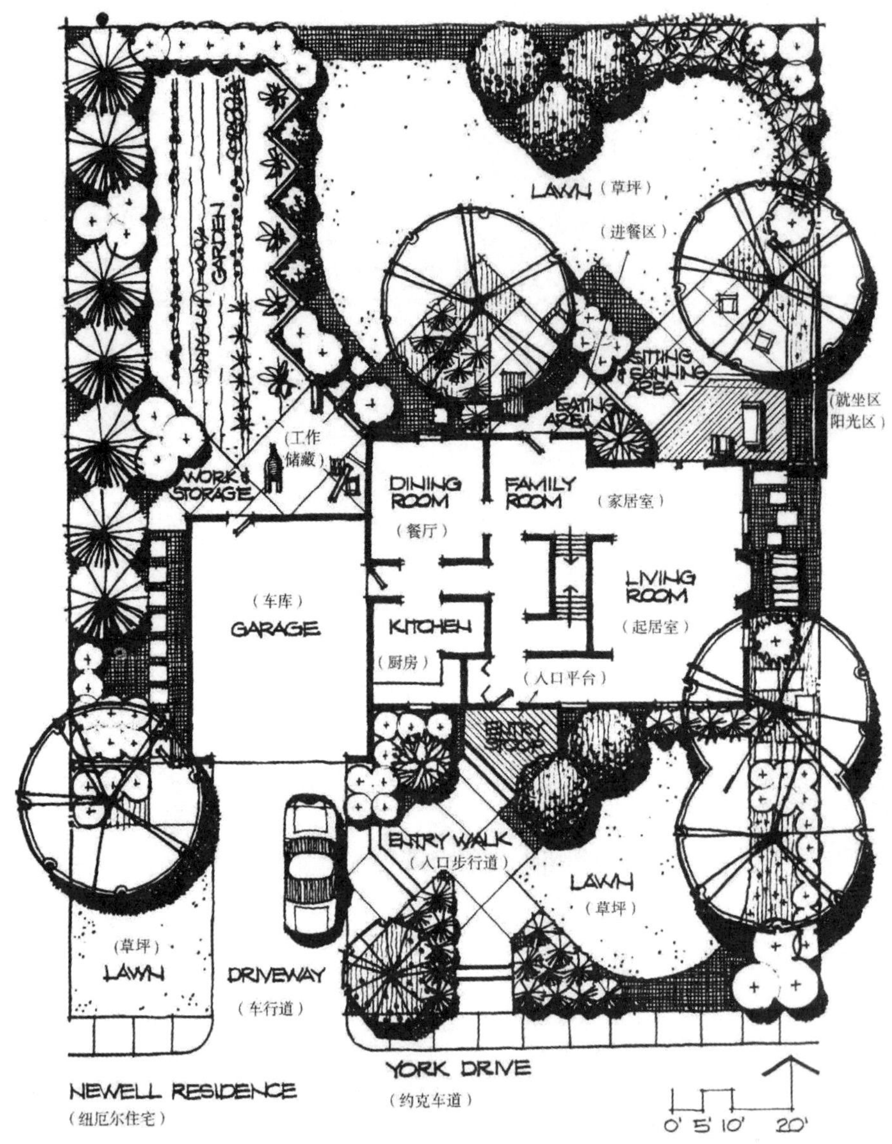

图 5-12　平面步骤解析图（3）

5.2　景观立面、剖面图表现

5.2.1　立面与剖面图之间的区别

通常我们可以把立面图理解为正视图，它拥有效果图所缺乏的内在图形特征，并且能很直观地反映平面图的设计意图和物体的关系，如图 5-13 所示。而剖面图是指某景观场景被一假想的铅垂面剖切后，沿某一剖切方向投影所得到的视图，其中包括园林建筑和小品等剖面，但在只有地形剖面时应注意景观立面与剖面的区别，因为某些景观立面图上也可能有地形剖断线，如图 5-14 所示。

（1）对于剖面图，首先必须了解被剖物体的结构，知道哪些是被剖到的，哪些是看到的，即必须肯定剖线及看线；其次，想要更好地表达设计成果，就必须选好视线的方向，这样才可以全面细致地展现景观空间。

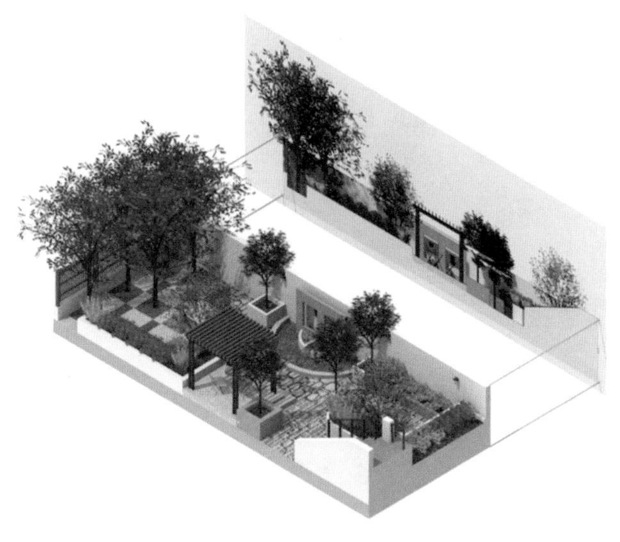

图 5-13　立面图示意

图 5-14　剖面图示意

(2) 立面图的画法大致上与剖面图相同,但立面图只画看到的部分。立面图就是我们可以直接观察到的建筑或物体的外表面的形状图案。按投影原理,立面图上应将立面上所有看得见的细部都表示出来,如图 5-15 和图 5-16 所示。

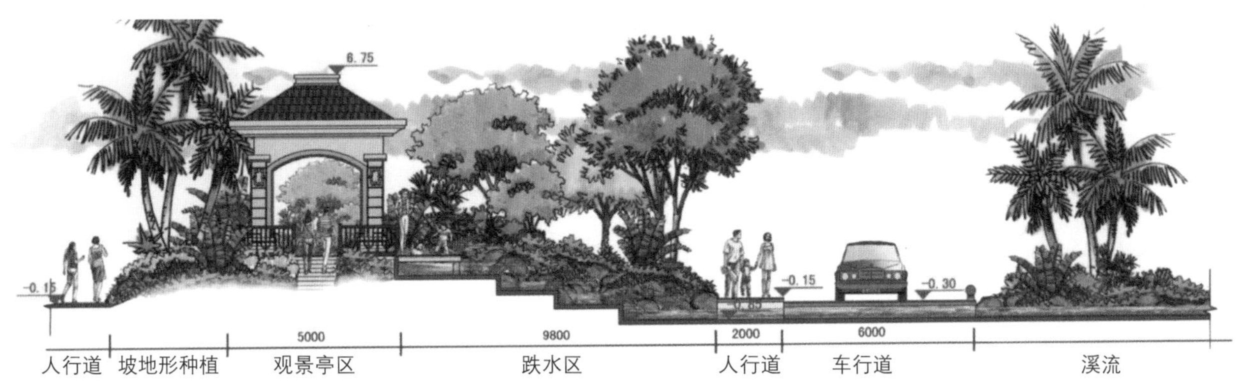

图 5-15　立面图范例（1）

5.2.2　景观剖面与立面图绘制要点

1. 景观立面图的画法表现

景观设计立面图主要反映空间造型轮廓线,设计区域各方向的宽度,建筑物或者构筑物的尺寸、地形的起伏变化,植物的立面造型、高矮,公共设施的空间造型、位置等。景观立面绘制要点如下。

(1) 树木的绘制根据高度和冠幅定出树的高宽比。

(2) 绘制时可先根据各景观要素的尺寸定出其高、宽之间的比例关系,然后按一定比例画出各景观要素的外形轮廓,如图 5-17 所示。

(3) 立面图上也要表现出前景、中景和远景间的关系,如图 5-18 所示。

(4) 注意植物与其他景观架构之间的穿插和遮挡的关系,如图 5-19 所示。

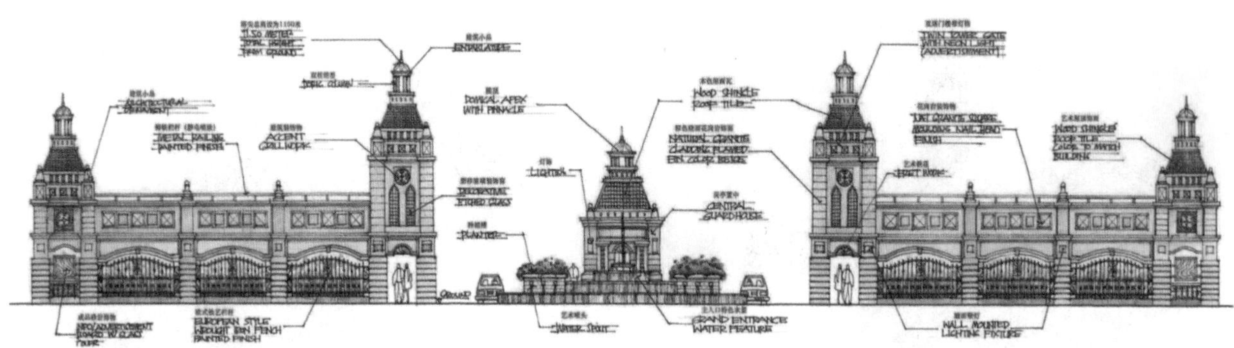

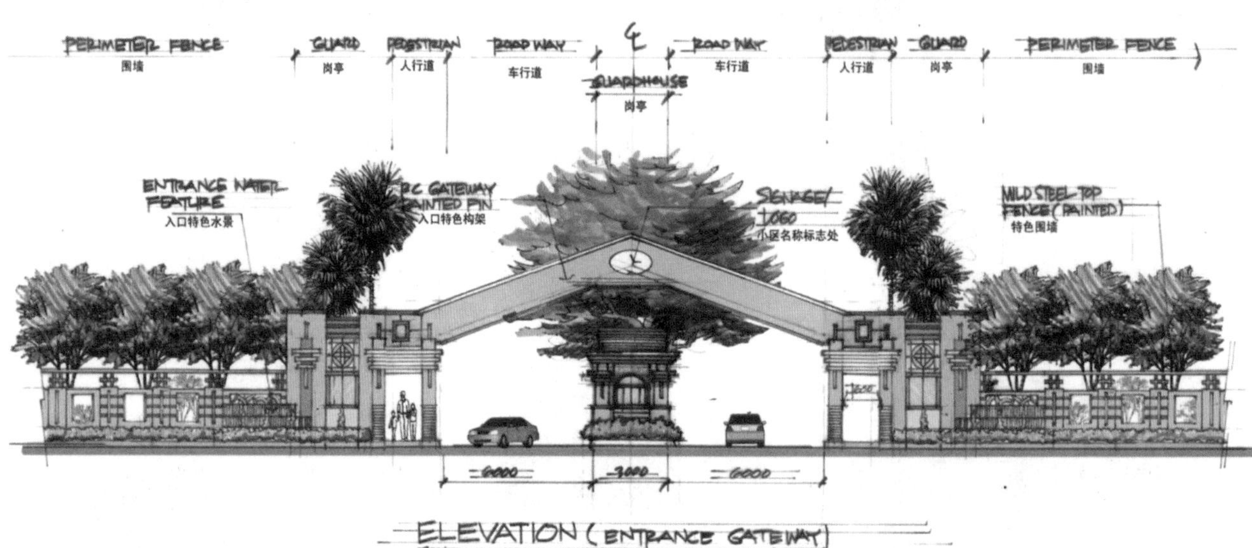
PERIMETER FENCE
围墙
GUARD
岗亭
PEDESTRIAN
人行道
ROAD WAY
车行道
GUARDHOUSE
岗亭
ROAD WAY
车行道
PEDESTRIAN
人行道
GUARD
岗亭
PERIMETER FENCE
围墙
ENTRANCE WATER FEATURE
入口特色水景
入口特色构架
SIGNAGE/LOGO
小区名称标志处
MILD STEEL TOP FENCE (PAINTED)
特色围墙
6000
3000
6000
ELEVATION (ENTRANCE GATEWAY)
SCALE 1:100 METER

绿化
停车位/花园/行车坡道
入口步道/会所落客区
入口广场花园/行车坡道
绿化/人行道

图 5-16　立面图范例（2）

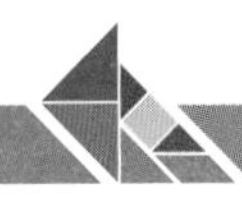

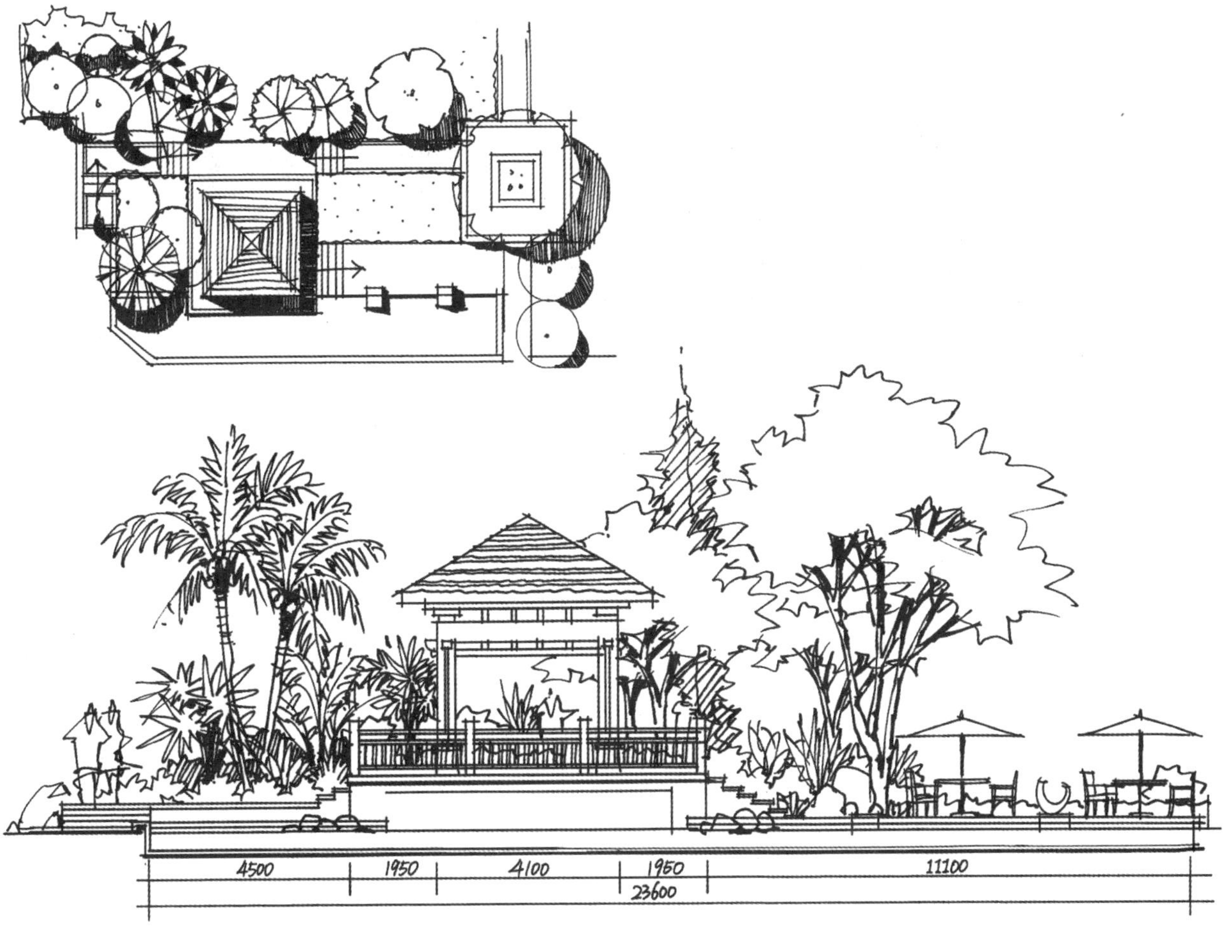

图 5-17　平面对应立面图

图 5-18　立面图（1）

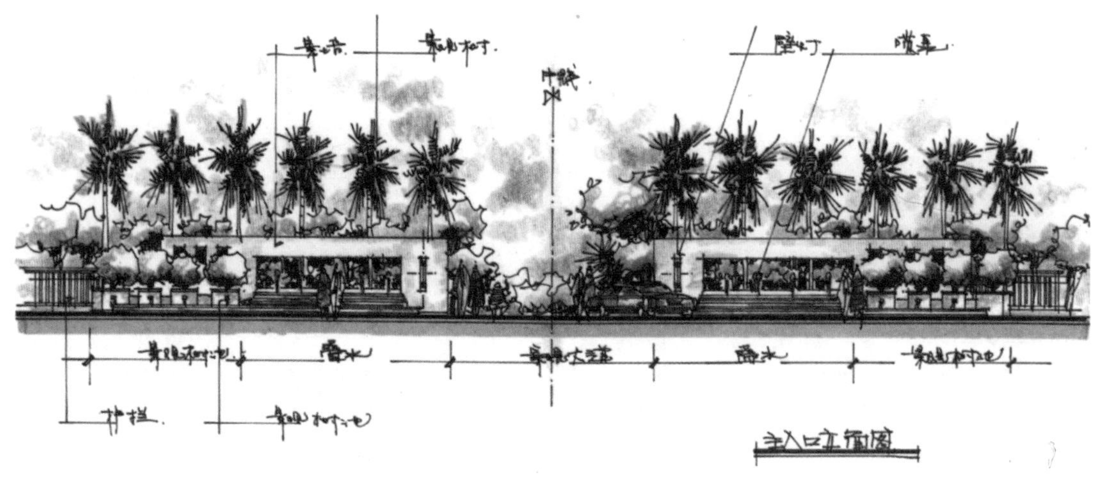

图 5-19 立面图（2）

2．景观剖面图的画法表现

剖面图的画法与立面图大致相同，但立面图只画看到的部分，而剖面图则要画出内部结构。剖面图绘制要点如下。

（1）必须了解被剖物体的结构，肯定被剖到的和看到的，即必须肯定剖线及看线。

（2）想要更好地表达设计成果，就必须选好视线的方向，这样可以全面细致地展现景观空间，如图 5-20 和图 5-21 所示。

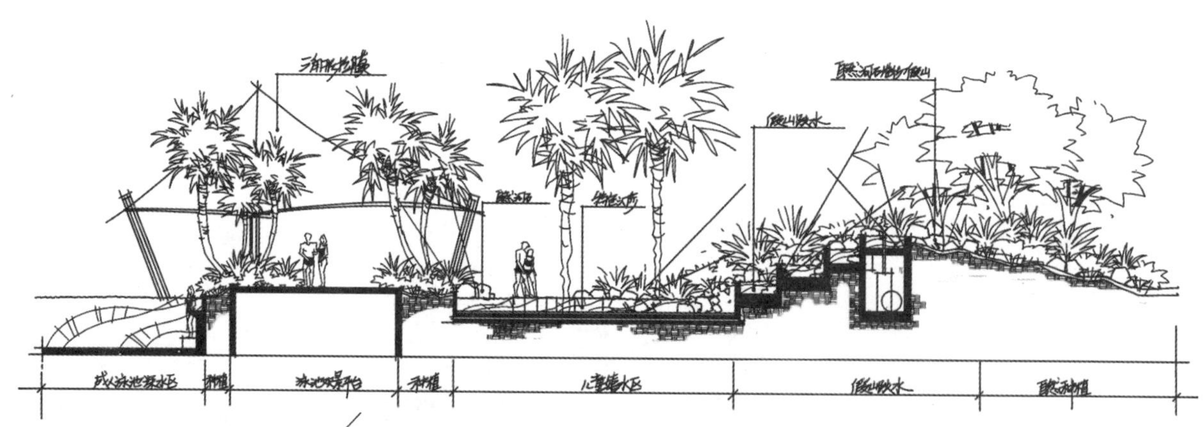

图 5-20 剖面图示意（1）

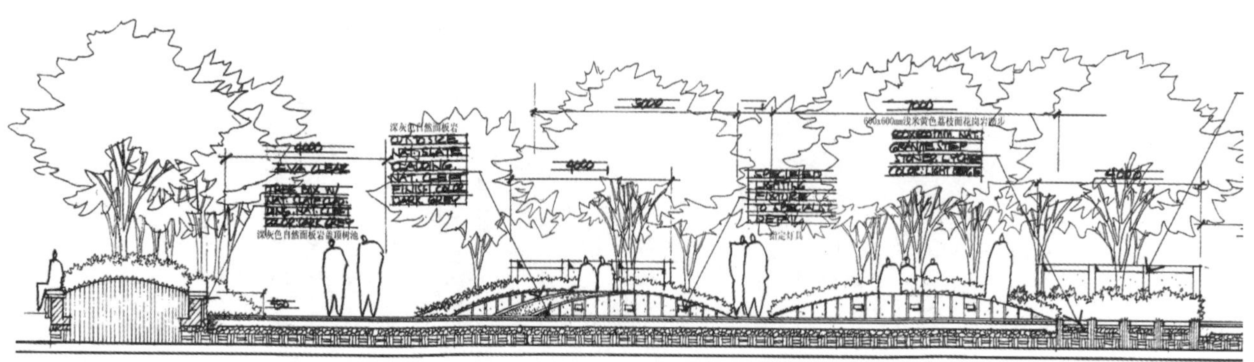

图 5-21 剖面图示意（2）

（3）要注重层次感的营造，通常是通过明暗对比来强调层次感，从而营造出远近不同的感觉。

（4）剖面图中需注意的是，剖线用粗实线表示，而看线则用细实线或者虚线表示，以示区别。

5.2.3　经典案例及剖、立面树类型

立面与剖面案例赏析如图 5-22 ～图 5-24 所示。

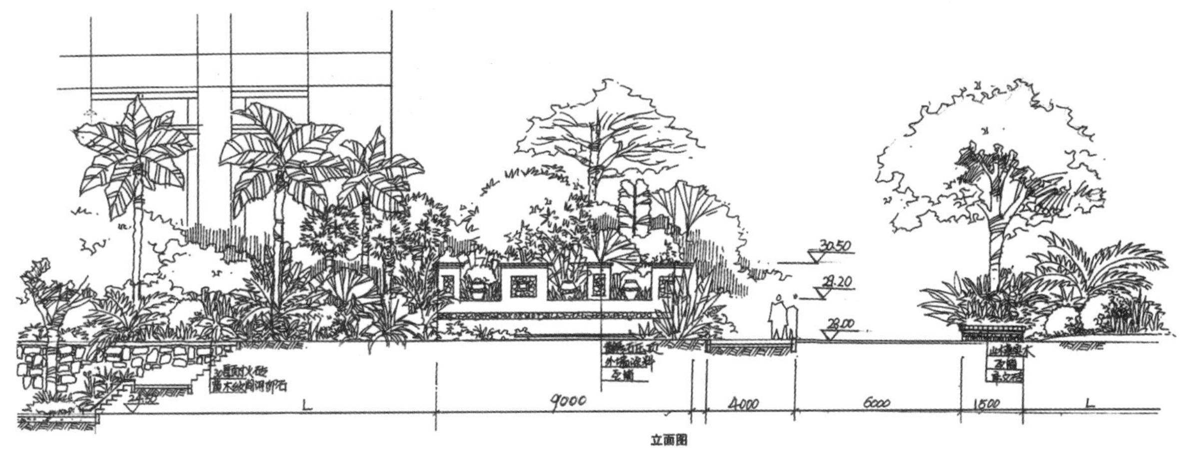

图 5-22　立面图案例

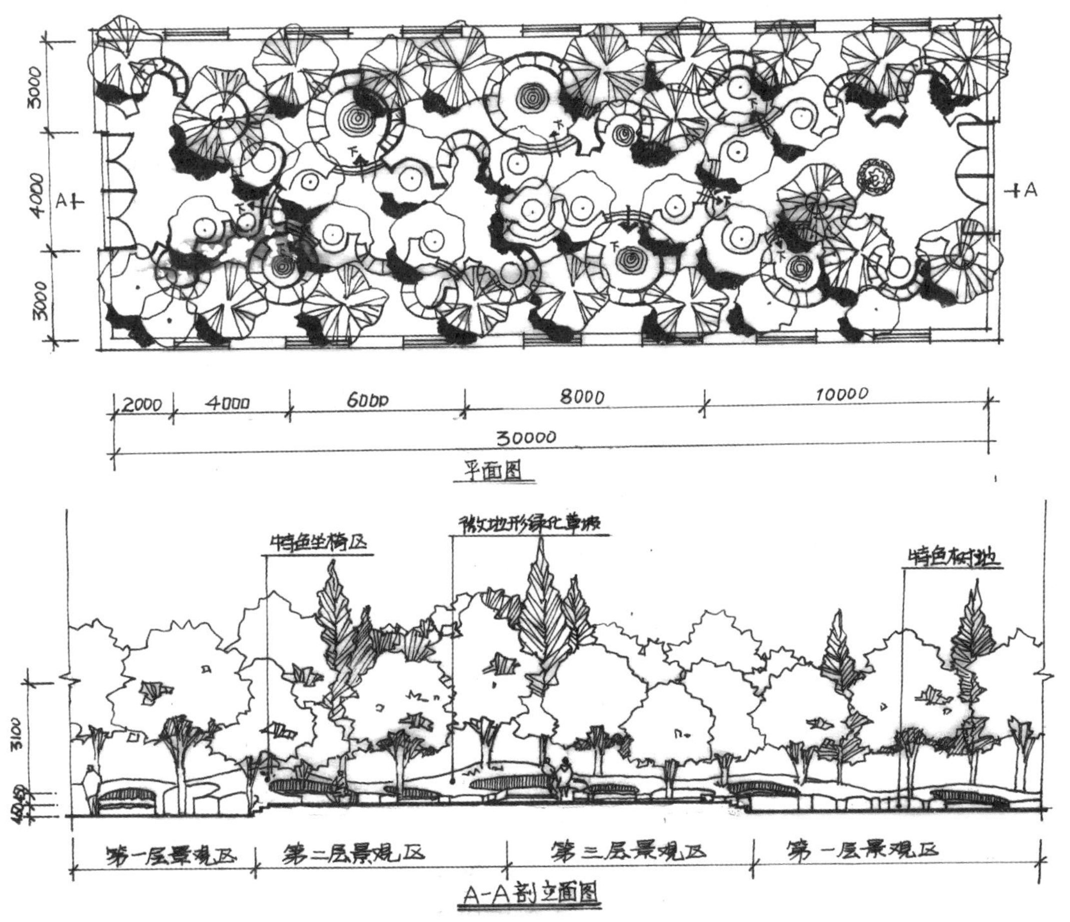

图 5-23　平面对应剖立面图

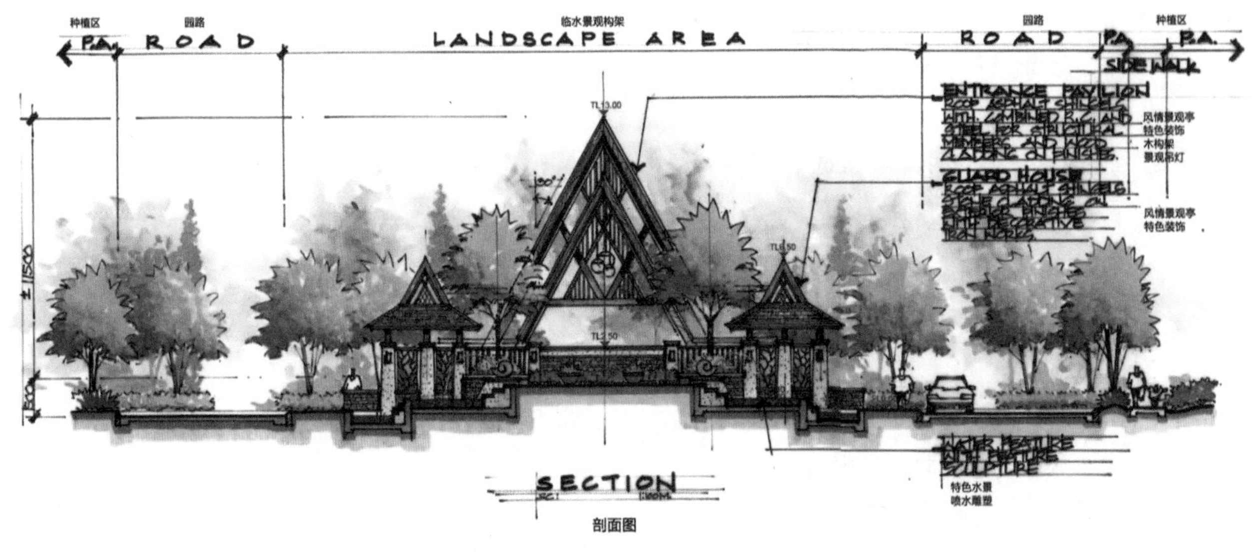
种植区
园路
临水景观构架
园路
种植区
PA.
ROAD
LANDSCAPE AREA
ROAD
PA.
P.A.
SIDE WALK
ENTRANCE PAVILION
风情景观亭
特色装饰
木构架
景观吊灯
GUARD HOUSE
风情景观亭
特色装饰
WATER FEATURE
特色水景
喷水雕塑
SECTION
剖面图

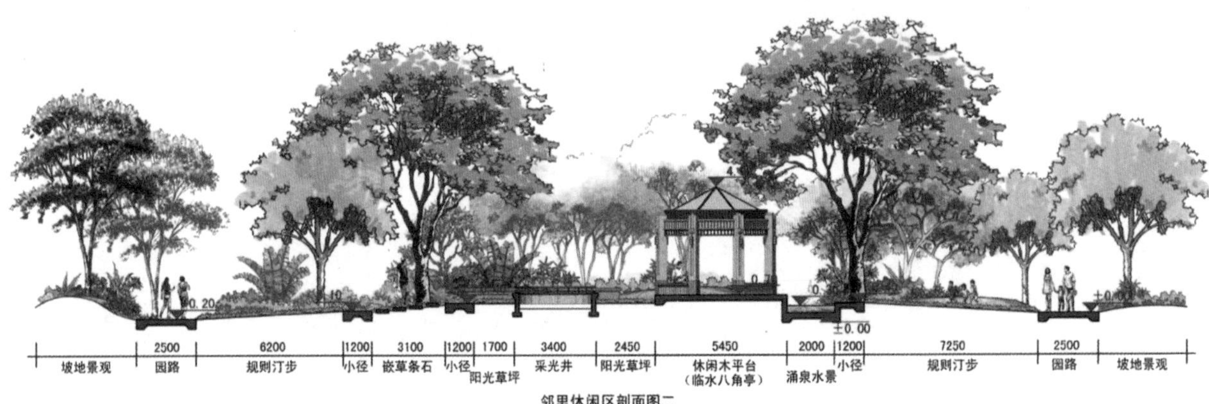
0.20
±0.00
2500
6200
1200
3100
1200
1700
3400
2450
5450
2000
1200
7250
2500
坡地景观
园路
规则汀步
小径
嵌草条石
小径
阳光草坪
采光井
阳光草坪
休闲木平台
（临水八角亭）
涌泉水景
小径
规则汀步
园路
坡地景观
邻里休闲区剖面图二

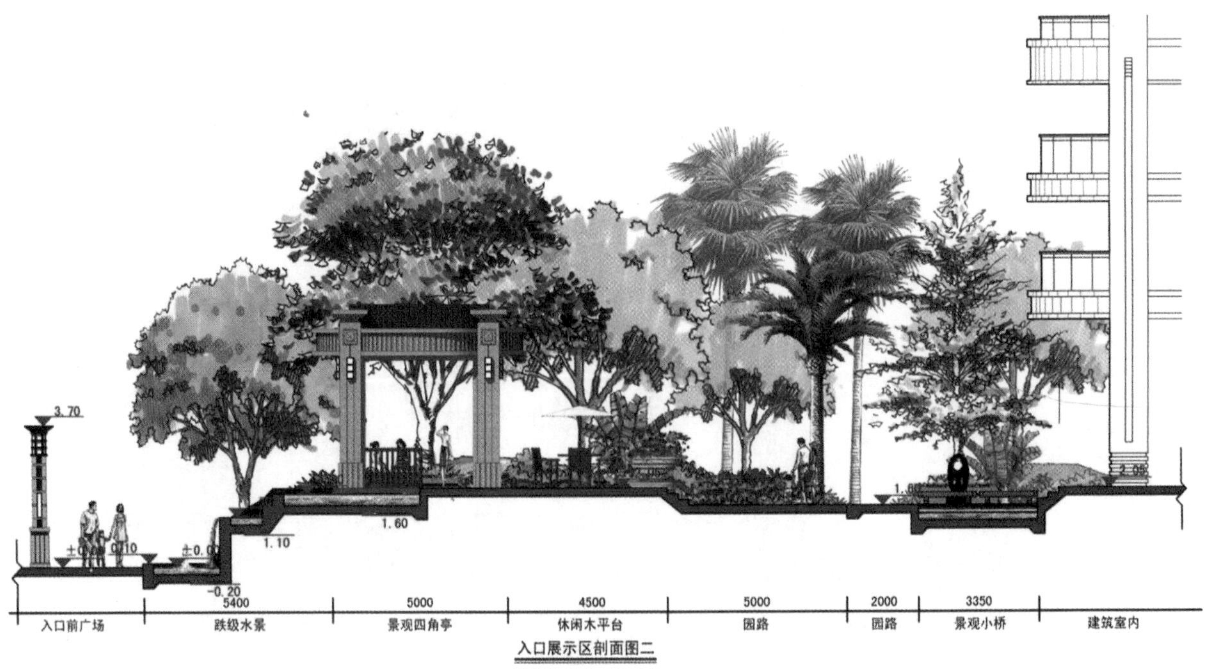
3.70
1.60
1.10
-0.20
5400
5000
4500
5000
2000
3350
入口前广场
跌级水景
景观四角亭
休闲木平台
园路
园路
景观小桥
建筑室内
入口展示区剖面图二

图 5-24 剖面图案例

立面、剖面图面构成中必不可少的景观树绘画方式如图 5-25 ～图 5-28 所示。

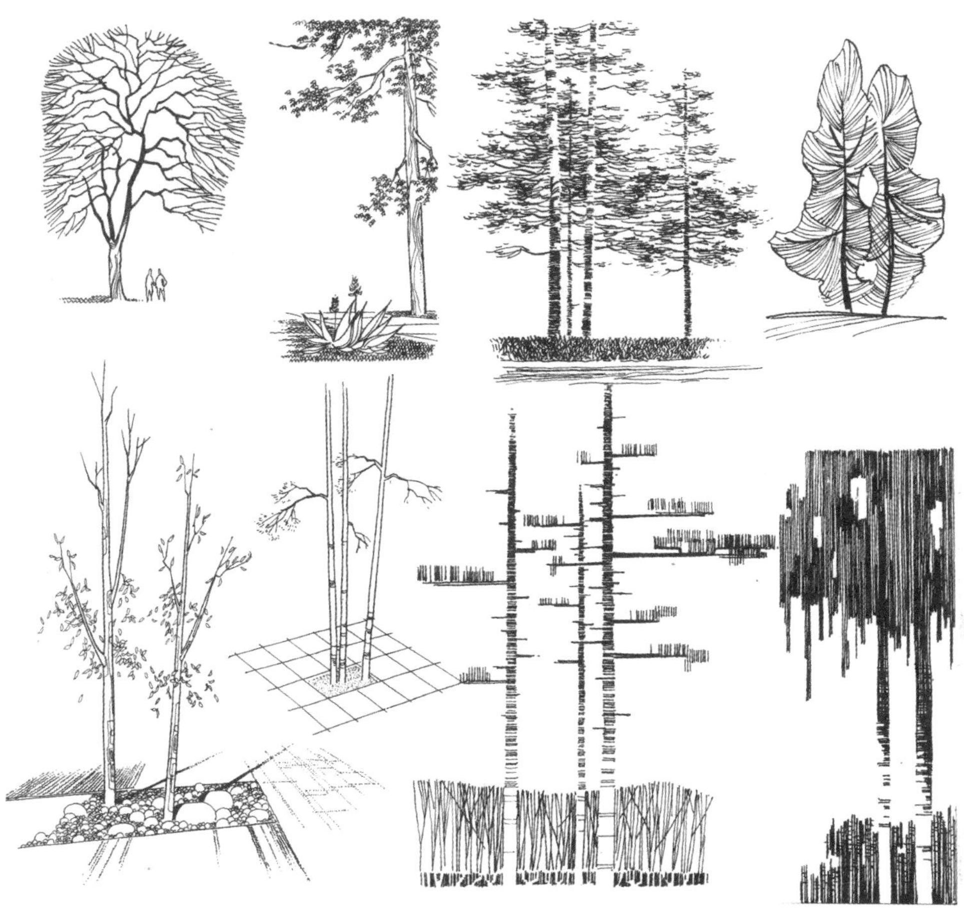

图 5-25　立面、剖面树精细画法

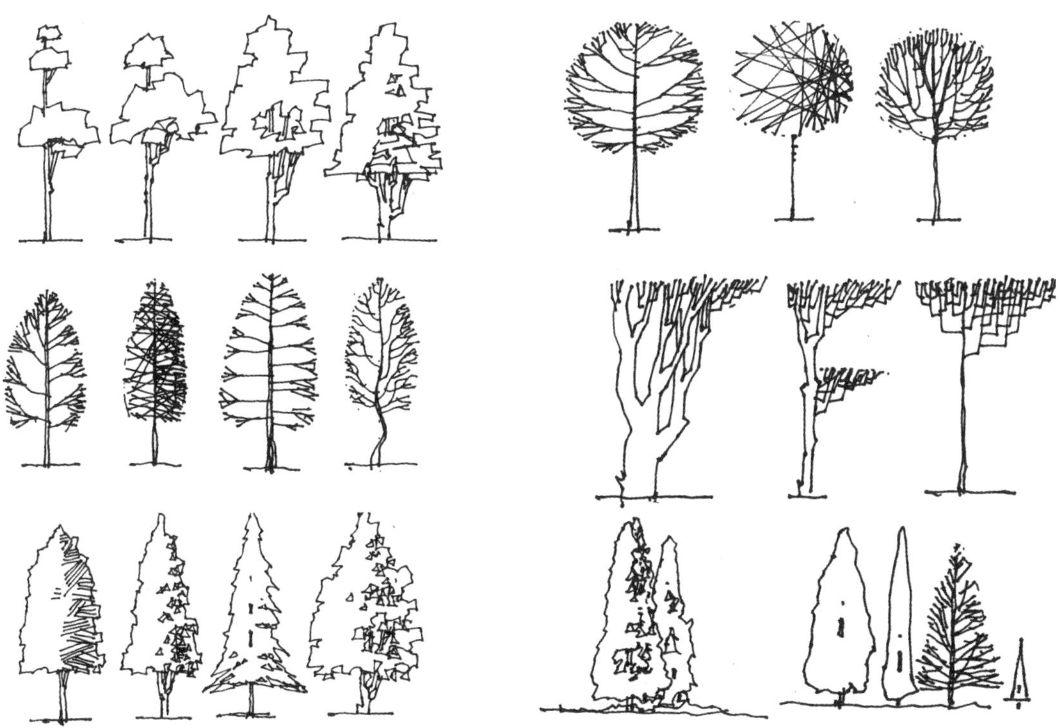

图 5-26　立面、剖面树简易画法

图 5-27　树丛组合表达

图 5-28　平面排布树丛表达

5.3　分析图表现

5.3.1　分析图的种类

分析图在景观设计前期至关重要，一张好的分析图是景观设计的开始。景观分析图呈现的内容较为功能化，能体现设计的功能是否合理。

（1）功能分区的定义。功能分区就是将各功能部分的特性和其他部分的关系进行深入、细致、合理、有效的分析，最终决定它们各自在基地内的位置、大致范围和相互关系。功能分区常依据动静原则、公共和私密原则、开放与封闭原则进行分区，也就是在大的景观环境或条件下，充分了解其环境周围及邻近实体对人产生相互作用的特定区域，是人与环境协调的焦点。由此，我们可以理解景观功能分区充满了无限的生动性和灵活性，也有无数的不确定性。功能分区是人与环境贸合的焦点，也是一个景观构成的重要设计环节。

（2）分析图种类。分析图可分为植物分析图、景观分析图、交通流线分析图、照明分析图、人行流线分析图、车行流线分析图、竖向分析图、消防分析图、日照分析图、户型分布图、视线分析、道路分析、功能分析、场地分析图、功能分区分析图、景观结构分析图和景观视线分析图。

5.3.2　分析图的表达方法

分析图的绘制分为两种情况。一种是平面图所占的图幅不大，考试的纸张为透明的拷贝纸或硫酸纸，具备条件来实现蒙图。这样绘制的分析图比较准确且节省时间。另外一种是不具备蒙图的条件，需要另画缩小的简易平面图，在缩小的平面图的基础上绘制分析图。需要注意的是，简易平面图对准确性要求不高，只要能表明主要关系即可。我们在快题绘制中遇到的情况大多数是画简易分析图，这就需要保证图面干净明朗且表达信息完备。

1．功能分区图

功能分区图是在平面图的基础上以线框简单地勾画出不同功能性质的区域，并给出图例，标注不同区域的名称。功能分区的线框通常为具有一定宽度的实线或虚线，功能分区的形态根据表达的意图可以是方形、圆形或不规则形，每个区域用不同的颜色加以区分。为了增强表达效果，可以在功能分区的内部填充和线框相同的颜色，或者可以用斜线填充。功能分区图如图 5-29 和图 5-30 所示。

2．交通分析图

交通分析图主要表达出入口和各级道路彼此之间的流线关系，绘制交通分析图应当明确分清基地周边的主次道路、基地内的各级道路和交通组织及方向、集散广场和出入口的位置，以不同的线条与色彩标注出不同道路流线，利用箭头标注出入口。通常可以用具有一定宽度的点画线或虚线表示道路，道路的等级越高，线条越粗，如图 5-31 和图 5-32 所示。

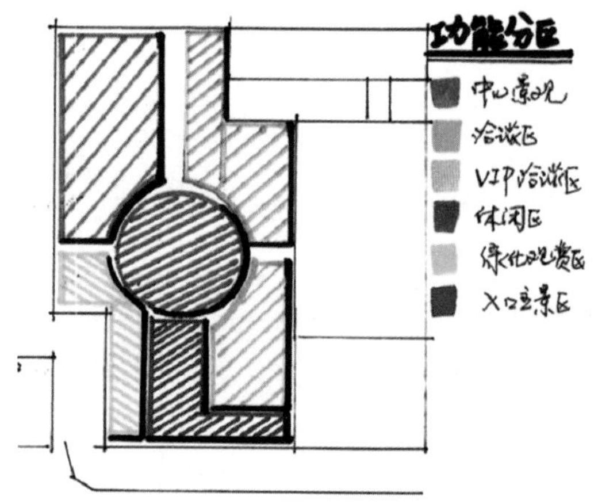

图 5-29　功能分区图（1）

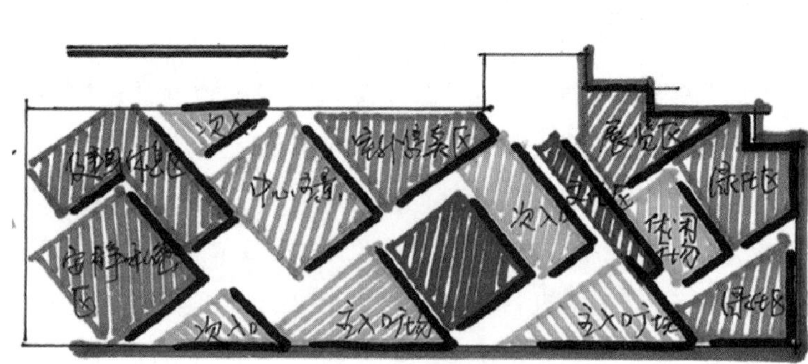

图 5-30　功能分区图（2）

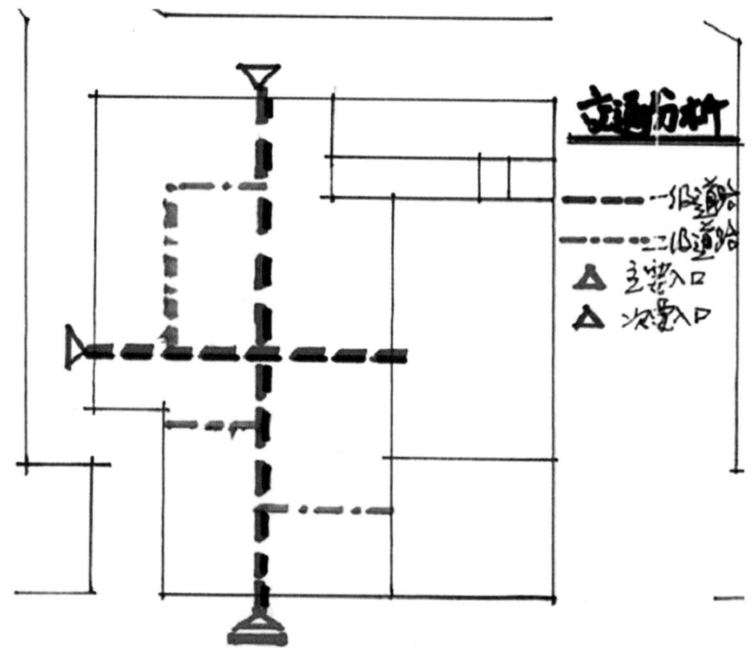

图 5-31　交通分析图（1）

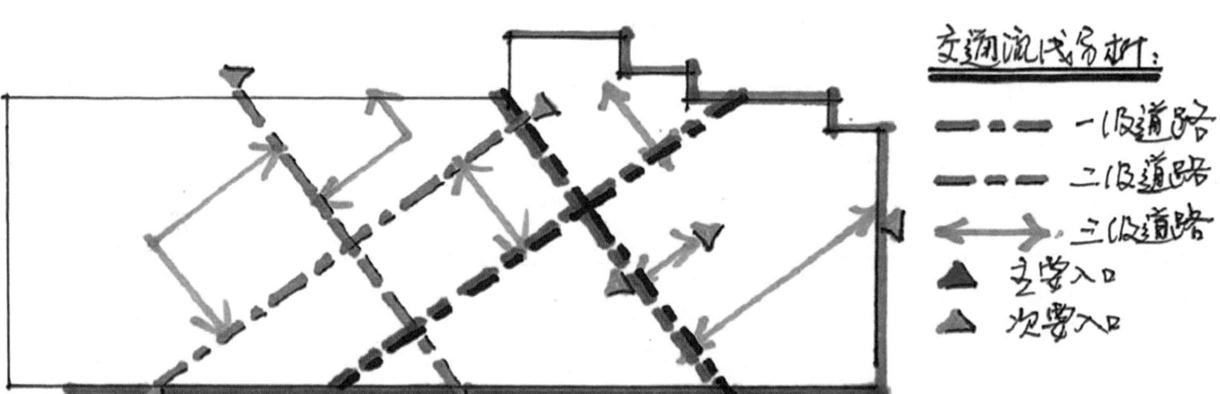

图 5-32　交通分析图（2）

3．结构分析图

结构分析图主要是表达图面中主要景观元素之间的关系，规划中常见的描述方法就是称为“几环、几轴、几中心”，在景观设计中主要表达出入口、主要道路、节点、水系之间的关系。如果存在轴线关系，可以用一定宽度的虚线或点画线表示出实轴和虚轴的关系。出入口可以用箭头来表示，主要道路用不同色彩的线条来表示，水系用蓝色的线条概略地勾出主要边线，节点可以用各种圆形的图例来表示。结构分析图如图 5-33 和图 5-34 所示。

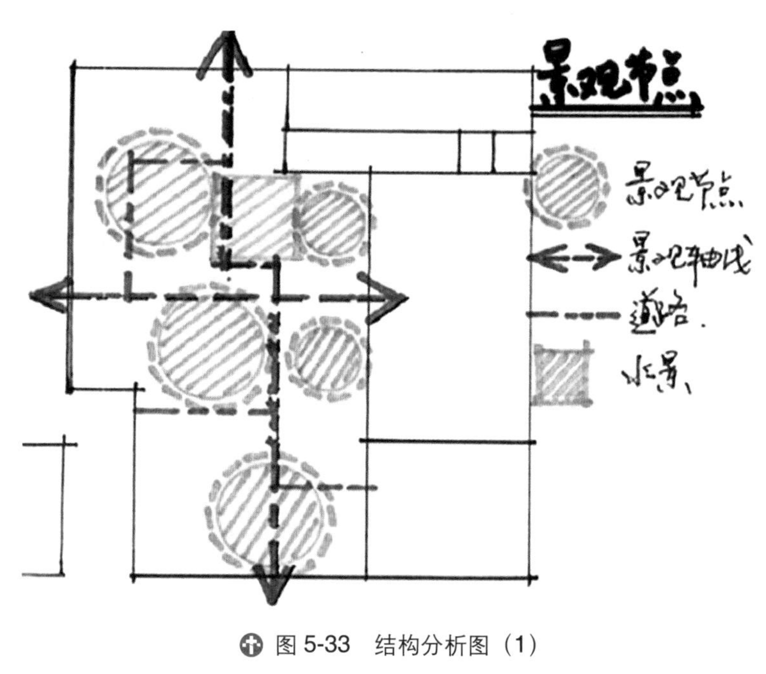

图 5-33　结构分析图（1）

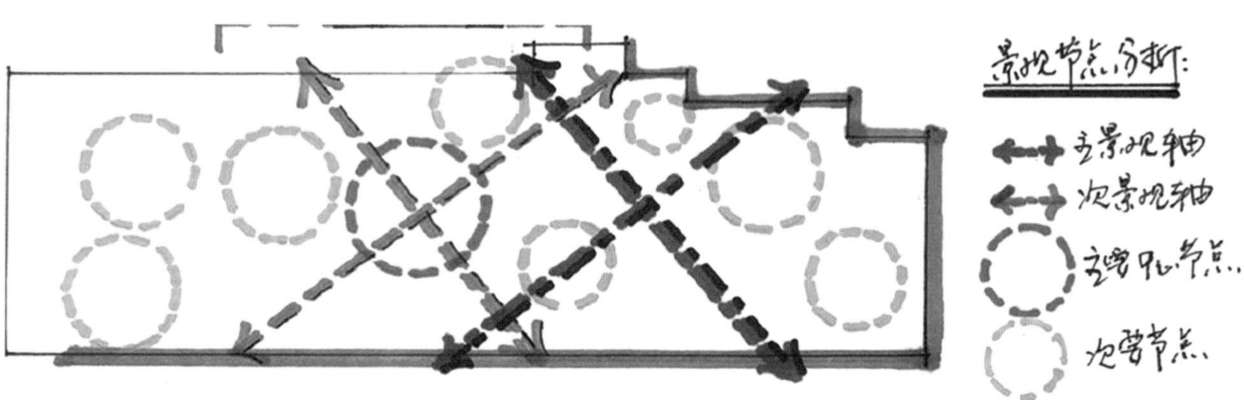

图 5-34　结构分析图（2）

4．植物分析图

植物分析图主要是表达设计者针对植物配置的设计意图，植物分析图根据不同的分类标准会有不同的表达方法，如图 5-35 所示。

根据植物种植的疏密可以分为密林区、疏林区、草地区、水生植物区；根据植物的自身特性可以分为阔叶林区、针叶林区、花灌木区、草花地被区等；根据植物造景的季相变化可以分为春景区、夏景区、秋景区、冬景区。其在图面中的表达方法和功能分区图相似，不同之处在于功能分区图相同性质的区域通常在一起（入口区除外）；而植物分析图相同性质的区域可以在一起，也可以分散在园区的不同位置。

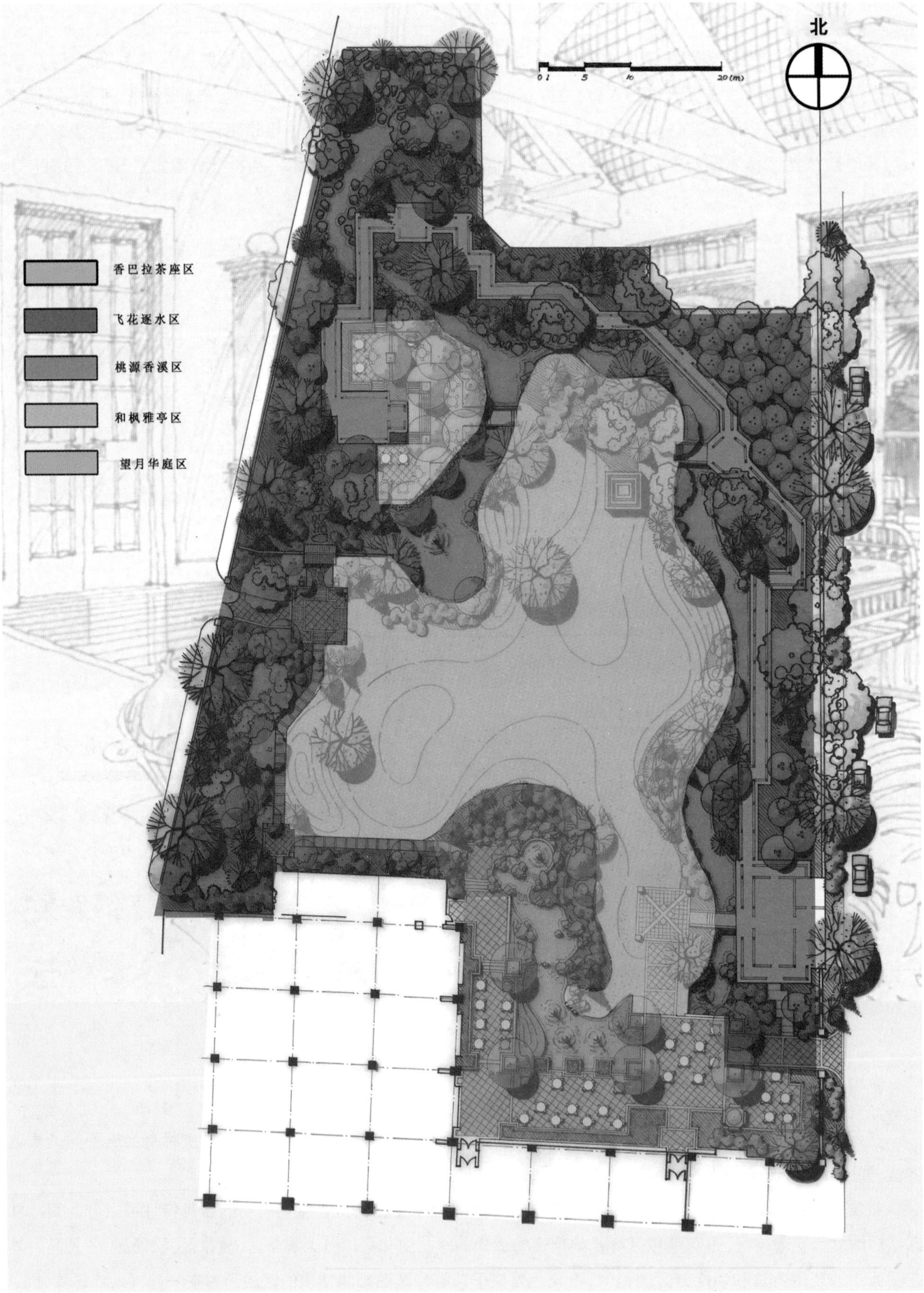

北

0 1 5 10 20(m)

香巴拉茶座区

飞花逐水区

桃源香溪区

和枫雅亭区

望月华庭区

图 5-35　植物分析图

5.4　景观快题综合表达

5.4.1　景观快题解题技巧

1．快题解题技巧：基地分析

（1）确定用地性质（居住区 / 商业 / 广场 / 滨水 / 公园 / 绿地 / 别墅庭院）。

（2）确定场地的大小、面积、形状（一般会明确规定设计范围，红线范围内作答）。

（3）确定服务对象（人群不同，所对应的服务空间不一样，应该充分考虑活动人群合理的功能定位）。

（4）分析周边环境（周边环境确定了场地的主次入口设计，以及空间的开放与闭合的状态）。

（5）当地的自然环境（气候、土壤、温度、湿度）都是场地设计参考的依据。注意考虑南北方由于气候、地形、人文所产生的差异。

（6）人文环境（景观设计必须做到有思想、有文化。这些思路来源于当地人文资源、历史文化、建筑外观等）。

（7）特殊因素（需要保护古树及保留建筑）。

2．快题高分技巧

（1）画面完整：在规定的时间内完成任务，做到不缺图。画面排版完整，排版有主次之分。

（2）不偏题、不跑题：设计定位准确，场地分析准确。

（3）方案设计合理：设计立意新颖，景观结构设计不要出错。

（4）图纸表达清晰：图纸表达清楚、层次分明、对比强烈。

（5）制图规范化：尺寸标注、指北针、图名、图例说明、剖切符号不可少。

5.4.2　构图方式和排版基本原则

构图最重要的是在特定区域里组合、安排素材的关系及明暗、色调、纹理。任何一个主题都可能有许多种成功的解答，最后的决定还在于设计者自己，这不是侥幸碰巧就可能达到的。

构图方式和排版基本原则如下。

（1）对位原则：为了提高绘图速度，在排版的时候可以利用上下左右的对位排版作为相互的参考，以便提高作图速度。

（2）扬长避短原则：如果你的优势是效果图，你就可以把效果图放在最重要的位置并尽可能地放大效果图；如果你的平面图设计、布置都很好，可将效果图摆放在最重要的位置而不用放大，各图类相辅相成。基于此结合快题批阅与观赏中人的视觉移动习惯，合理布置表达图面便能达到理想的效果。人的视觉移动习惯如图 5-36 和图 5-37 所示。

（3）饱满原则：这是指最终的图面效果不能有过空的地方和大面积留白的地方。

（4）快题感原则：在绘图时要尽可能地利用一些具有快速表现特征的表现技法。注意排版要做到紧凑（图面不要空），要匀称（因为底层平面图线条比较密，剖面图线条比较重，所以排的时候应注意不要挤在一起），如图 5-38 和图 5-39 所示。

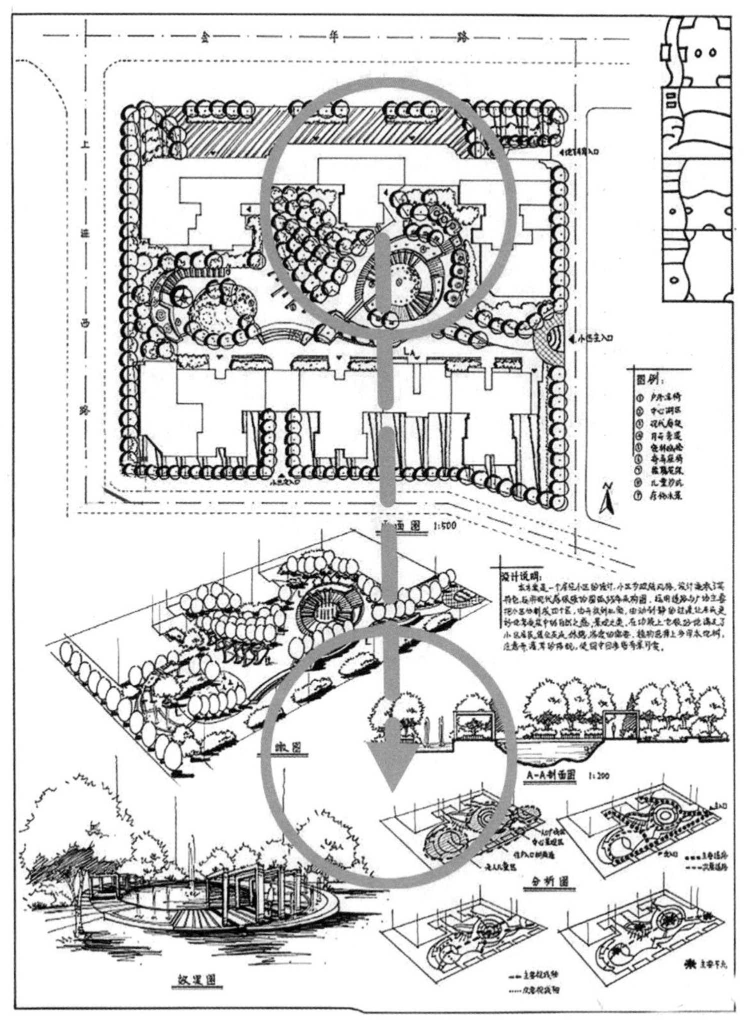

图 5-36 竖构图视觉移动示意

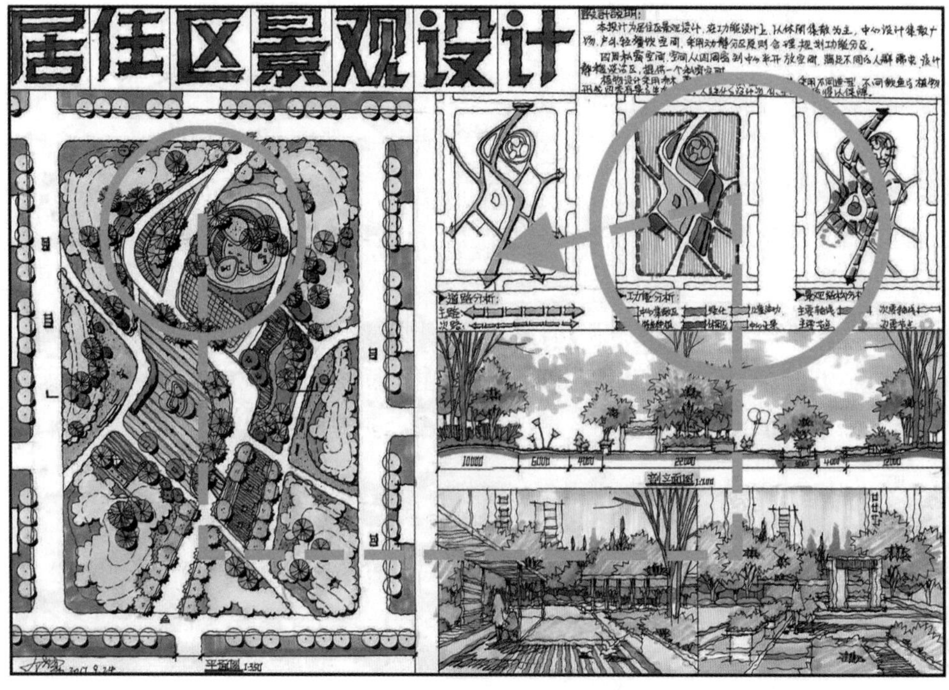

图 5-37 横构图视觉移动示意

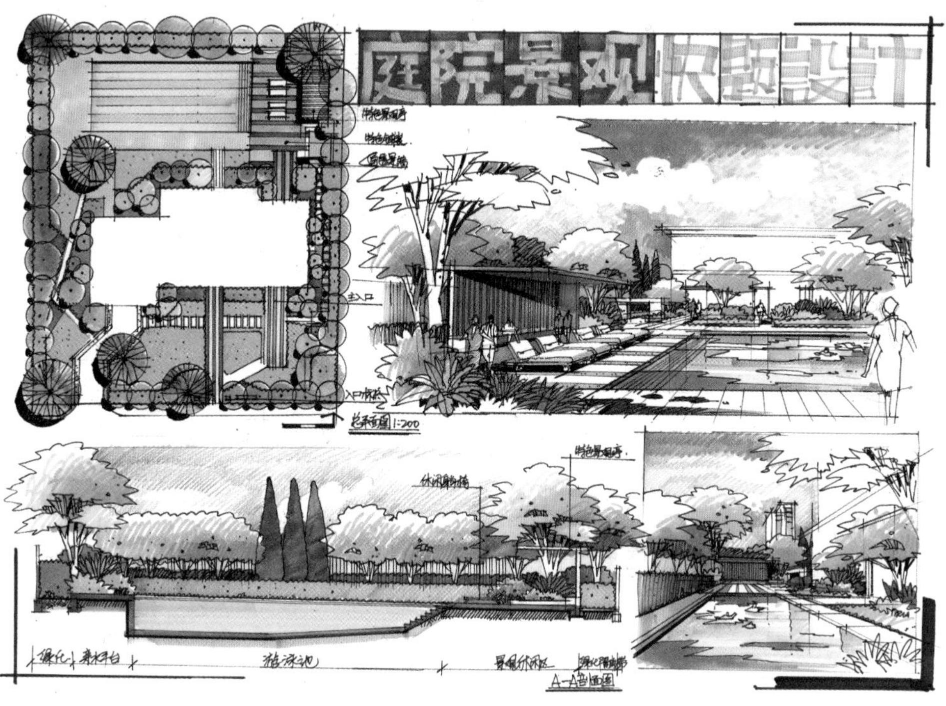

图 5-38　横构图快题展示

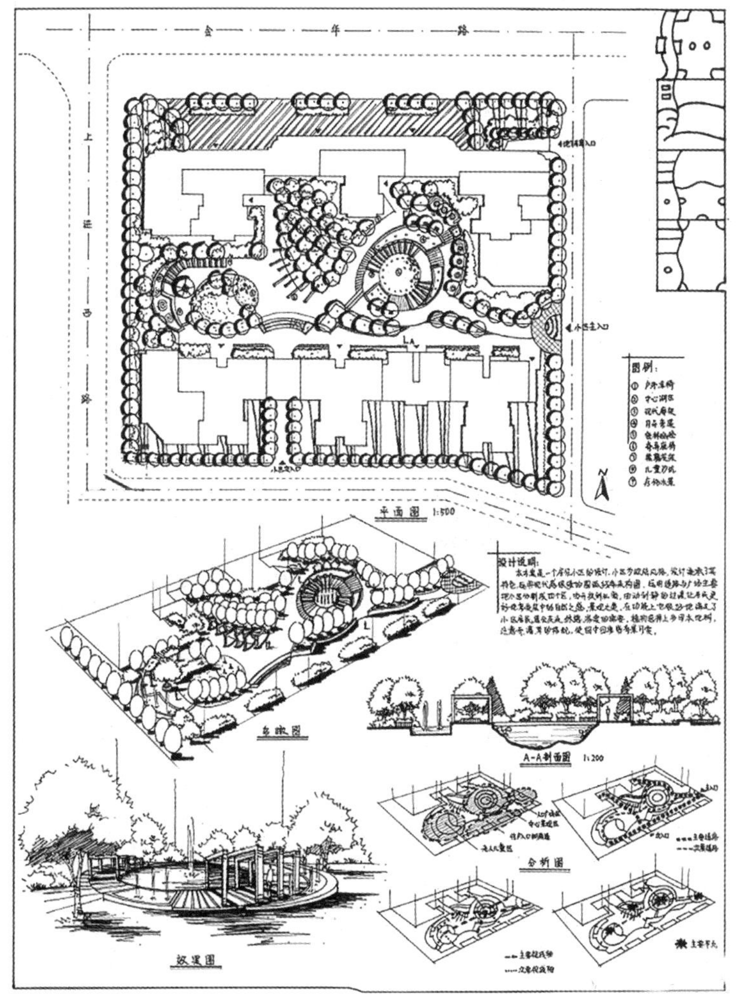

图 5-39　竖构图快题展示

面对设计案例，我们要因地制宜，形式不过是表象，而设计的本质是处理好场地问题以及场地关系。形式与功能、流线的协调体现在快题中，就是对气泡图进行深化。在这个过程中，将松散的圆圈和箭头变成具体的形状，可辨认的物体将会出现，实际的空间将会形成，精准的边际将会被画出，实际物质的类型、颜色和质地也会被选定。

在深化中，会有两种不同的设计思维模式，一种是以逻辑为基础和几何图形为模板，所设计出来的形式高度统一。这样的设计更加方便处理，有规律地重复组合排列，在大小上的变化，更容易达到整体上的协调统一。另一种是以自然的形体为模板，这种设计所体现出来的意境更深远，使感性与设计结合。这两种模式都有内在结构，在设计中无须绝对区分。换句话来说，在处理好功能和流线之后，形式是可以由人们随心确定的。

在快题中，采用几何模式还是自然模式，取决于你想表达的氛围和情感。如果你想表达的是强烈的序列感和指向性，则可以采用直线构图，如纪念性公园。如果你想让人觉得轻松自在且有探索性，可采用自然模式，如植物园。然而，几何和自然是不可割裂的，一个综合性公园可能会出现两种不同的构图风格。

5.4.3 优秀快题赏析

庭院景观设计说明：坚持“以人为本”，充分体现现代的生态环保型的设计思想。尽量避免裸露地面，可用垂直绿化以及各种灌木和草本类花卉加以点缀，使别墅内的植物达到四季有景，步移景异，如图 5-40 所示。

图 5-40 庭院景观快题案例

售楼部景观设计说明：地面采用由木栈道引进售楼处，售楼处的入口材质搭配和地面氛围，木纹色充满温馨感，给人回家的感觉。外部景观种类丰富，层次清晰，有韵律和节奏感，如图 5-41 所示。

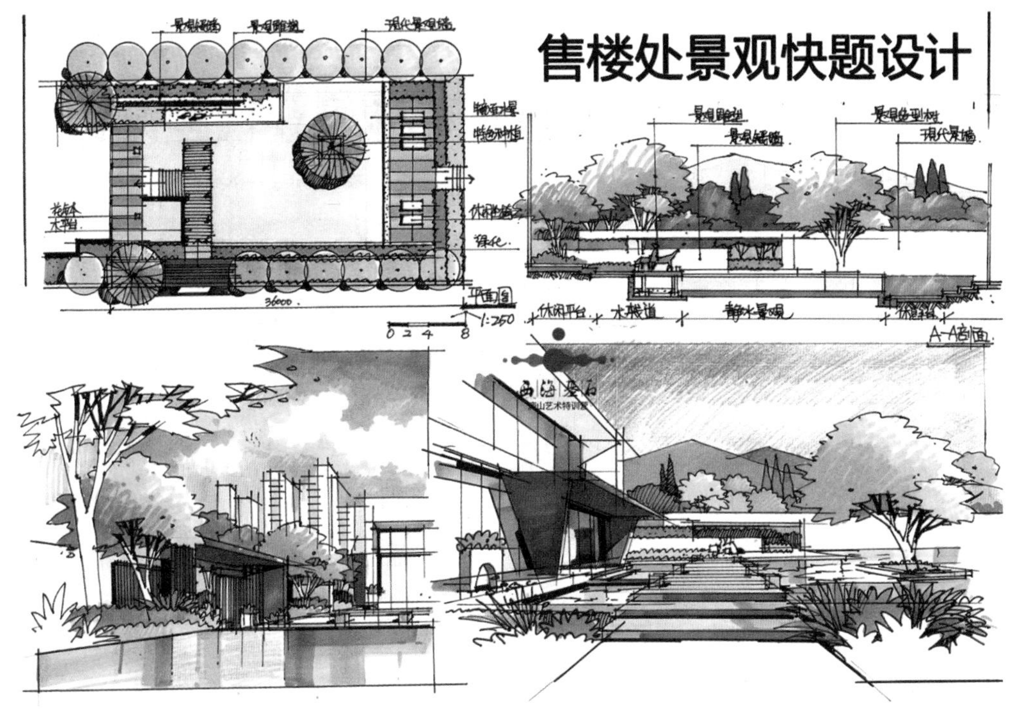

图 5-41　居住区快题案例（1）

居住区景观设计说明：该小区设计主导思想以简洁、大方、便民、美化环境及体现建筑设计风格为原则，使绿化和建筑相互融合、相辅相成，让环境成为当地文化的延续。应充分发挥绿地效益，满足居民的不同要求，从而创造一个幽雅的环境，以便美化环境、陶冶人们的情操，如图 5-42 所示。

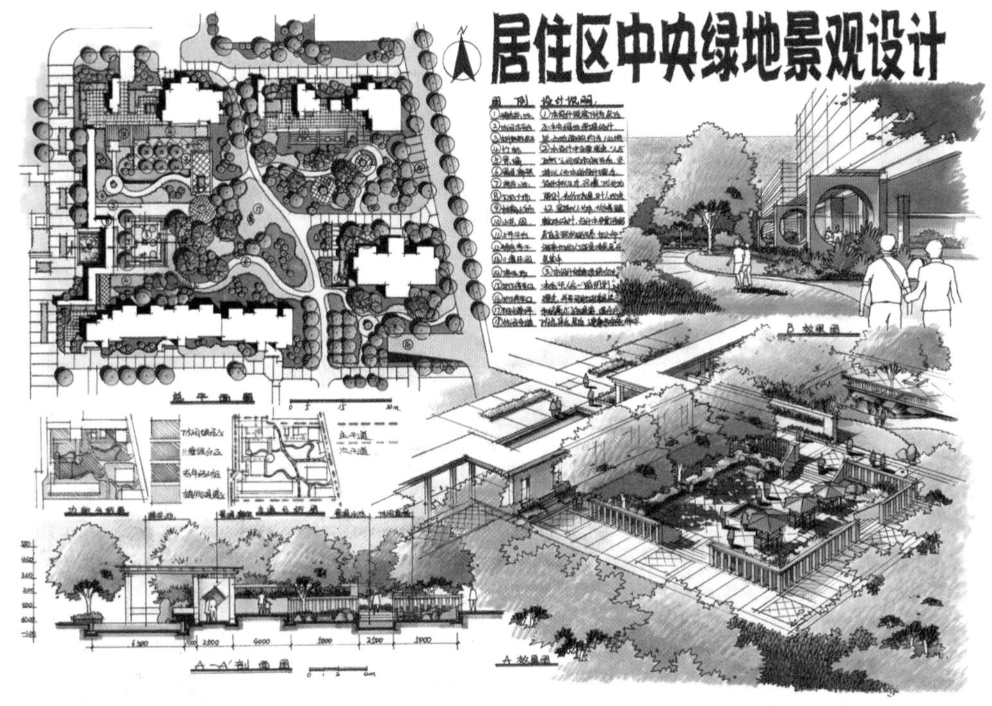

图 5-42　居住区快题案例（2）

屋顶花园景观设计说明：本案例以自然风格为主，屋顶花园风景优美；绿化、休憩、散步、水系分布清晰，整个画面色彩协调统一；植物疏密得当，散步区域明确清晰，通过景观小品的放置，营造了丰富多变的空间，如图 5-43 所示。

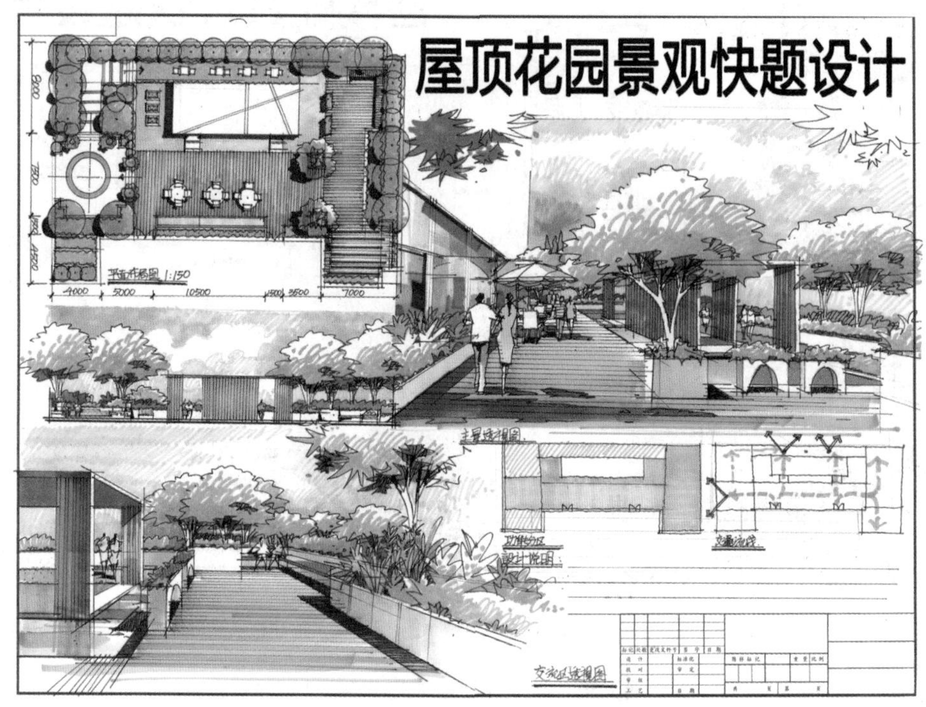

图 5-43　屋顶花园景观快题案例

滨水景观设计说明：设计中水景以水池、喷泉的形式，通过对动静的处理手段活跃空间气氛，增加空间的连贯性和趣味性。在设置水景时应考虑广场的安全性，应有防止儿童、盲人跌撞的装置，同时也要考虑地面排水以及防滑的因素。植物造景，绿地中配置高大乔木和茂密的灌木，以便营造出令人心旷神怡的环境，如图 5-44 所示。

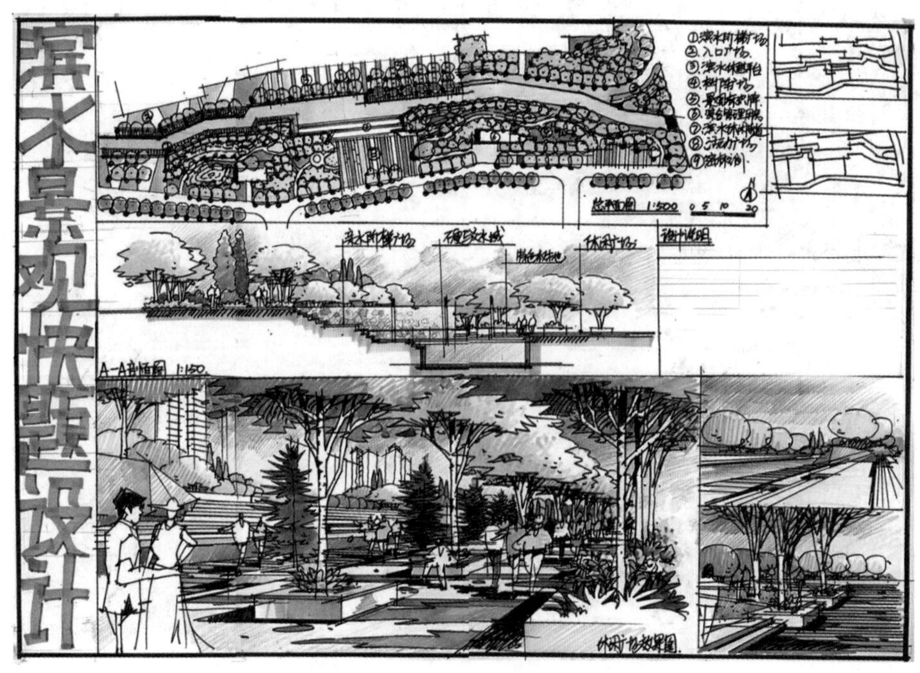

图 5-44　滨水景观快题案例

示范区景观设计说明之一：通过对示范区和示范区景观进行设计，使本项目在这个区域脱颖而出，景观设计走差异化、品质化路线，整体空间层次变化丰富，景观感受点比较多，景观空间动与静、私密与开敞相结合，打造高端系列示范区，如图 5-45 所示。

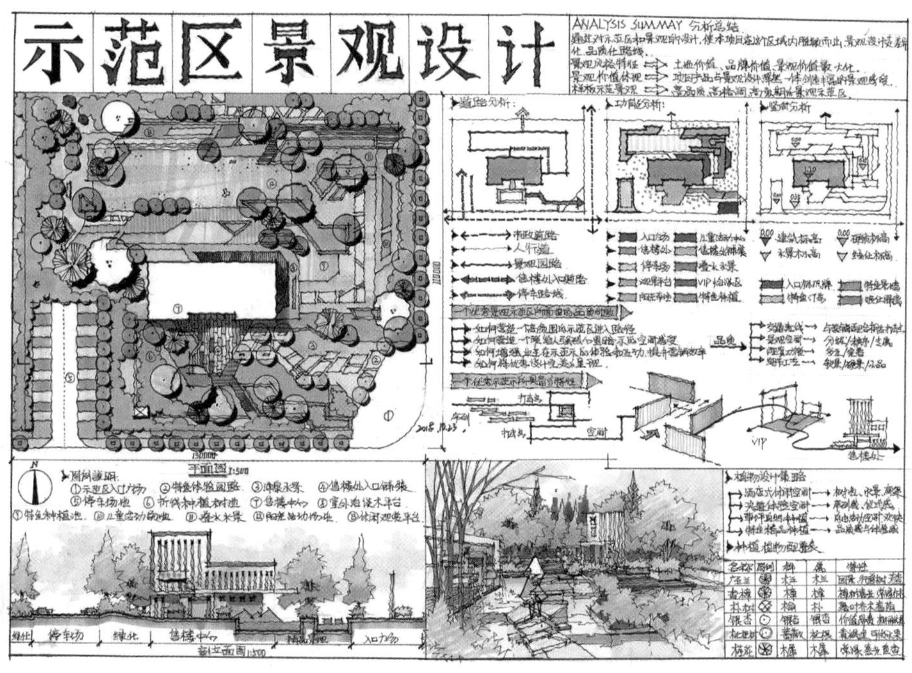

图 5-45　示范区景观快题案例（1）

示范区景观设计说明之二：本次景观设计主导思想以简洁、大方、便民，美化环境，体现建筑设计风格为原则，使绿化和建筑相互融合、相辅相成，使环境成为社区文化的延续。将社区文化与场地精神完美结合，体现时代特色和地方特色，充分发挥绿地效益，满足社区及周边住民的不同要求，坚持“以人为本”，充分体现现代的生态环保型的设计思想，如图 5-46 所示。

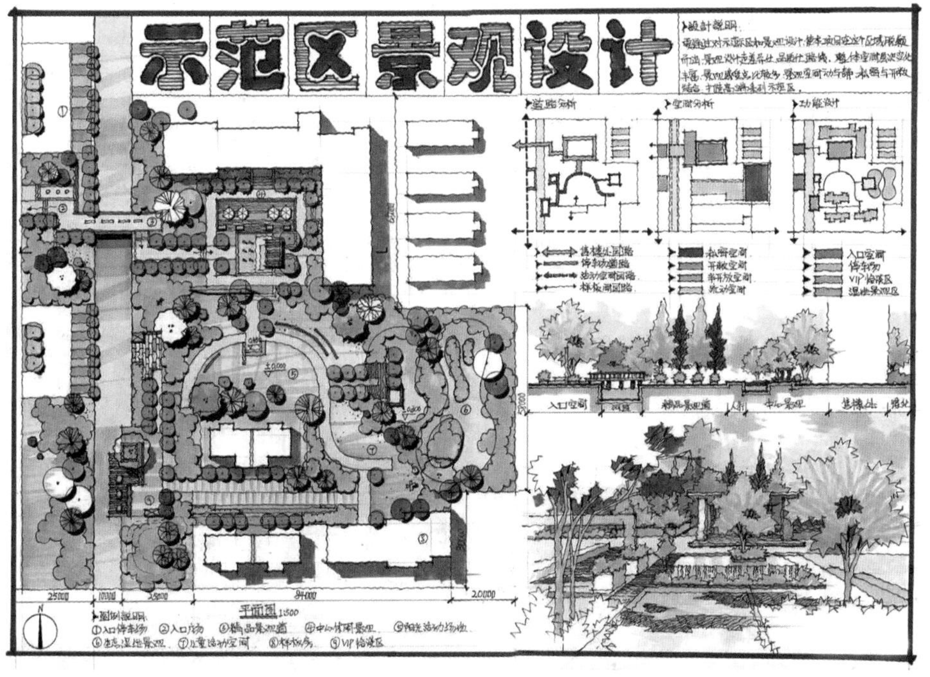

图 5-46　示范区景观快题案例（2）

广场景观设计说明之一：多层次的体验，设计了丰富的景观层次，把不同的景观元素穿插利用到院落空间、广场、街道和水岸线。生动的水岸线、独特的水景为商业的发展提供了极大的可能性，无论是散步、逛街还是表演，都有不同的景观节点，丰富的水岸线设计为行人提供了不同的感受，如图 5-47 所示。

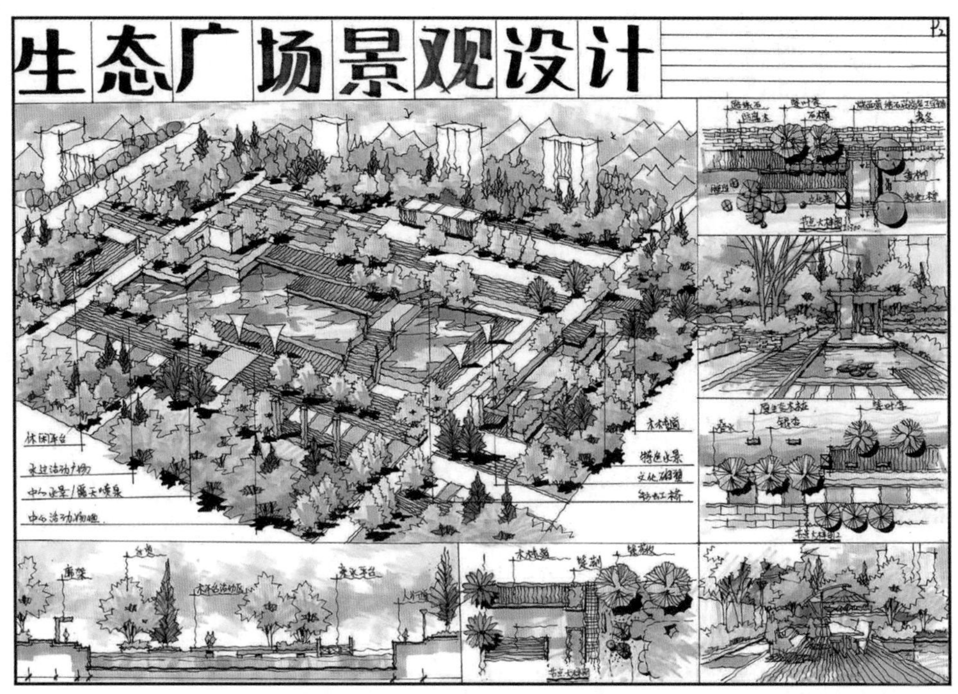

图 5-47　广场景观快题案例（1）

广场景观设计说明之二：崇尚自然，寻求人与自然的和谐。纵观古今中外广场环境设计，都以“接近自然，回归自然”作为设计准则，并贯穿于整个设计与建造中。只有在有限的生活空间利用自然、师法自然，寻求人与建筑小品、山水、植物之间的和谐共处，才能使环境有融于自然之感，达到人和自然的和谐，如图 5-48 所示。

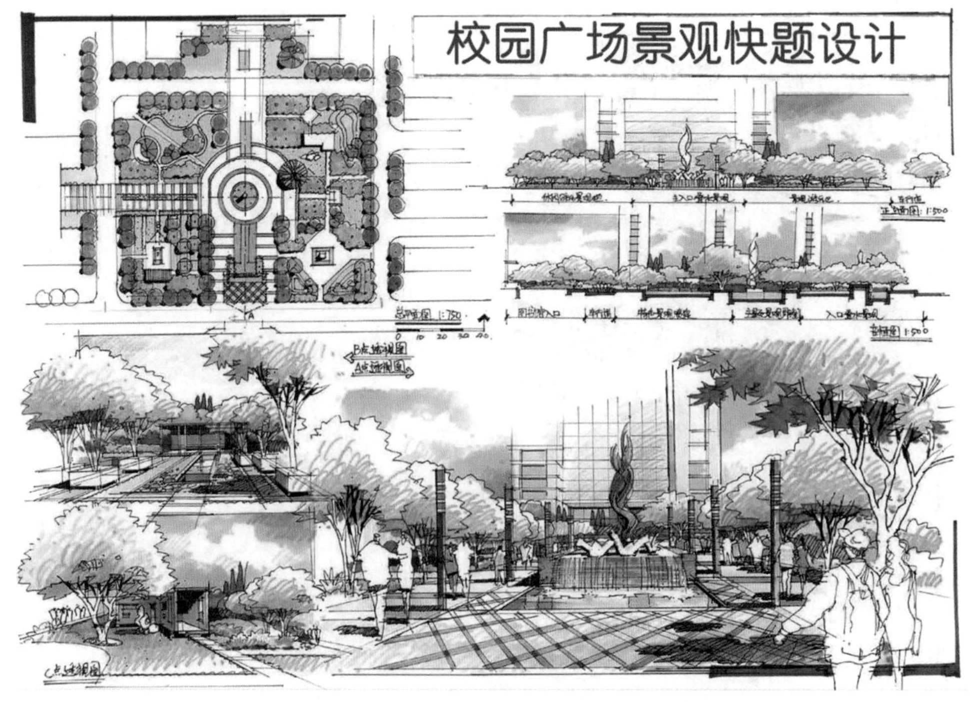

图 5-48　广场景观快题案例（2）

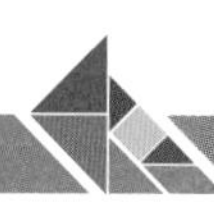

建筑沙龙景观设计说明：本案例属于旧建改造的项目，原有建筑不能拆动，内部空间设计成时尚沙发休闲空间，外部庭院景观作为配套休闲空间，需满足 20 人进行室外活动并且具备较高品质的景观视觉需求，应动静结合，如图 5-49 所示。

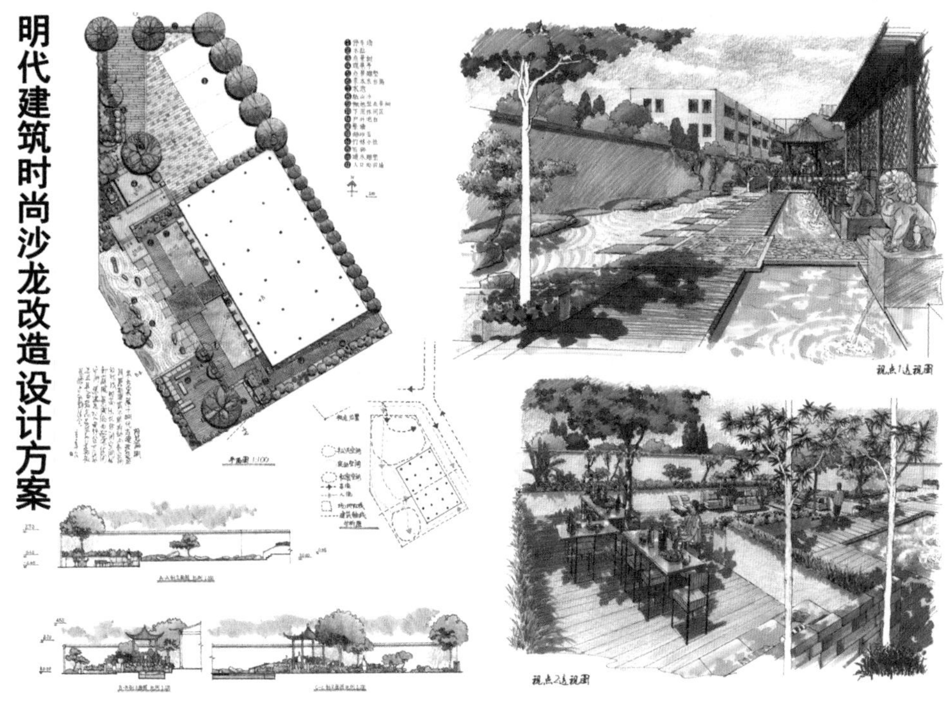

图 5-49　建筑沙龙景观快题案例

公园景观设计说明：本案例设计中主要考虑人与自然之间的和谐关系，坚持以人为本的设计理念。设计中以生态环境优先为原则，充分体现对人的关怀，坚持以人为本，从大处着眼并进行整体设计。在规划的同时辅以景观设计，最大限度地体现公园本身的底蕴，如图 5-50 所示。

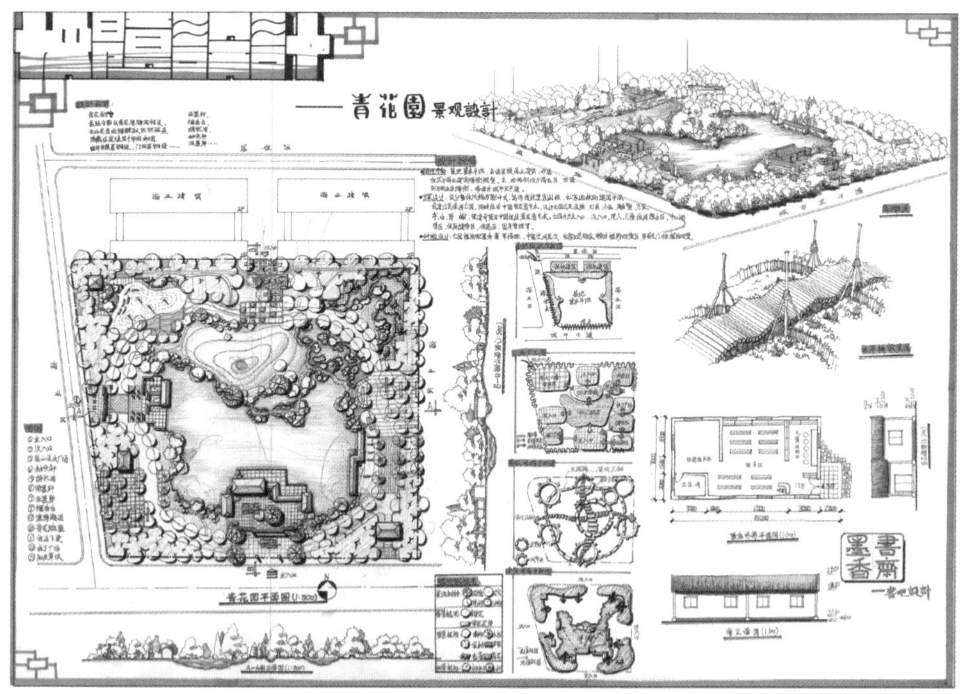

图 5-50　公园景观快题案例

校园广场景观设计说明：本案例为校园广场景观设计，在充分利用现状交通流线和周边环境的条件下，结合“和”的主旨来体现“不争之和”，结合场地来形成“和”的景观空间，如图 5-51 所示。

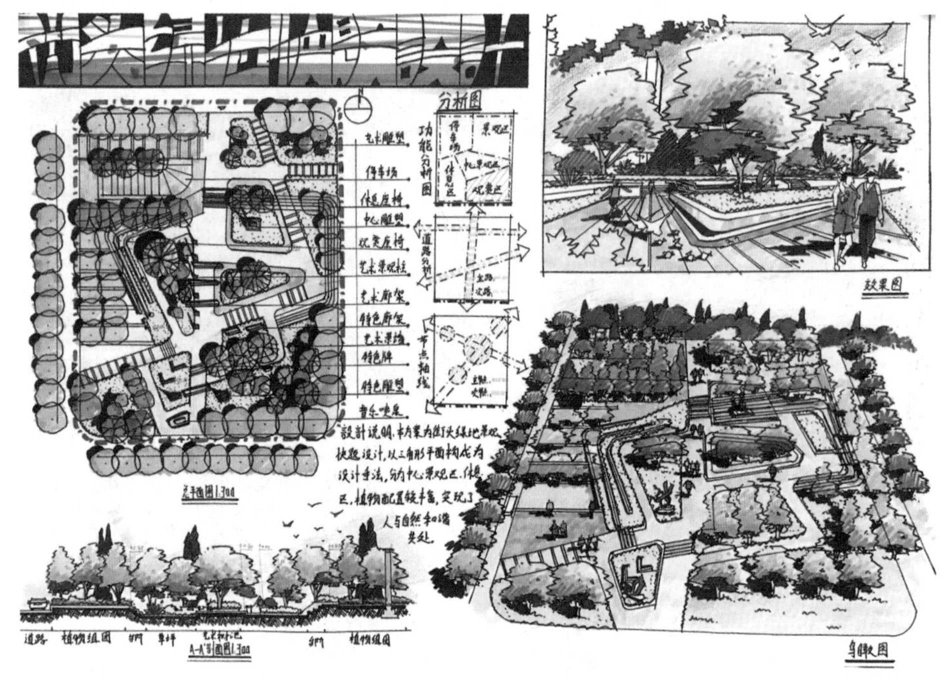

图 5-51　校园广场景观快题

广场景观改造设计说明：本案中通过建筑外立面与广场之间的地面铺装的处理，使景观与建筑之间建立起紧密的视觉联系。植被设计采用了成熟的木兰树作为景观核心元素，有助于缓和广场上的风力，同时也可以形成视觉焦点。交通动线上，两栋建筑的入口处在不同的地面高度上，室外的边界已经模糊到和广场融为一体。广场中间位置斜线景墙座椅元素巧妙地处理了高差变化，同时也形成与植物的造景，如图 5-52 所示。

图 5-52　广场景观改造快题

图书馆中庭景观设计说明：本案为某高校图书馆中庭景观设计，整个中庭空间尺寸为 20m × 35m。四面开口，为了满足图书馆中庭休憩、户外阅读、休闲、展示等功能。以圆为基本元素，营造出不同形式的半私密空间，供人们的室外学习、阅读、交流所用，如图 5-53 所示。

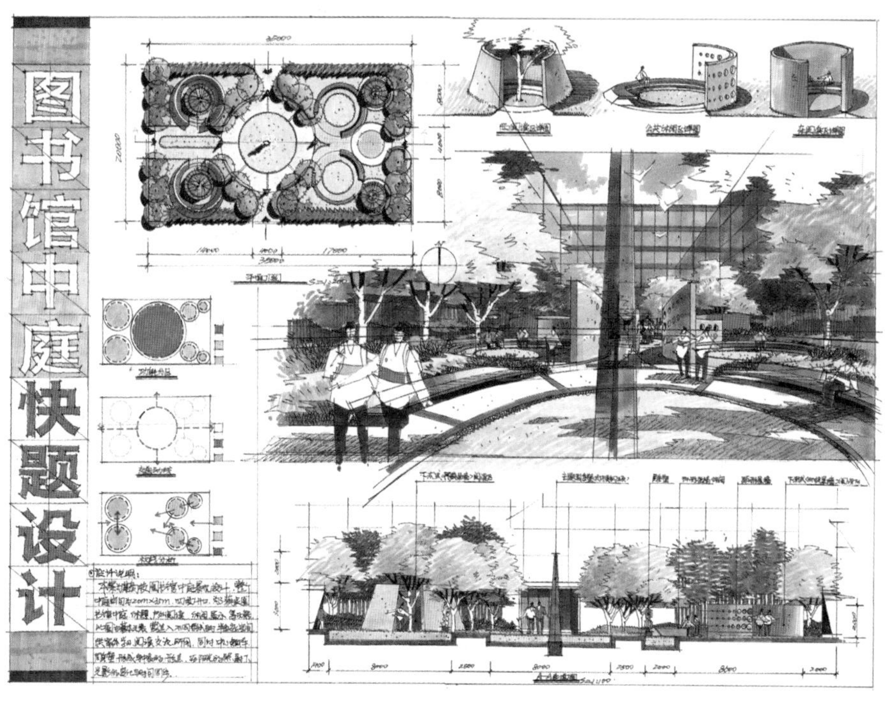

图 5-53　图书馆中庭景观快题

5.5　小　　结

本章分析了景观快题的基本组成部分，并分步对其阐述和解析，从基础到深化，逐步提升作图规范意识与技巧。本章首先学习了景观平面的基础知识及绘制要点，并了解了其在快题绘制中的重要性；其次通过对比与分析，清晰阐述了剖面图与立面图的区别，并深入学习了其画法表现；最后我们学习了景观快题的功能核心——分析图，了解了其种类，深入分析了其绘制要点。效果图是快题绘制的灵魂所在，它是一切表现设计意图的基础，透视有助于形成真实的想象，而且它是建立在完美的制图基础之上的。学习了透视的基本方式，更要掌握其构图原则和形式，才能画出优质的效果表现图。同时，快题整体的排版形式与构图方式也是极为重要的，它能突出普通案例的优点，也能为优秀案例锦上添花。希望通过这一章的整体学习，同学们更能熟练地进行快题表达，从而有更多的收获。

5.6　课堂练习

(1) 完成一幅 A3 尺寸大小的立面树的表现图。

(2) 完成两幅 A3 尺寸大小的任意构图形式的效果图。

(3) 完成一幅 A2 尺寸大小的快题案例抄绘。

第 6 章 手绘表现在实际案例中的应用

6.1 手绘表现的概念

手绘表现是指设计师通过（手工绘制的）图形的手段来表达设计师设计思想和设计理念的视觉传达手段。手绘表现是设计构思的形成，是设计思想形成的催化剂，是表现形式与设计理念的统一。

同时手绘表现过程也是设计者构思形成的过程，手绘是这一过程的载体与记录，它是一种最快速、最直接、最简单的反映方式，也是一种动态的、有思维的、有生命的设计语言，其产生的视觉效果带有浓烈的艺术气质和独特的视觉冲击力，所以，在计算机技术飞速发展的今天，手绘表现依然是无法取代的。手绘表现与景观设计两者是辩证统一的，是形式与思想的统一，两者同时蕴含于同一个设计过程中，前者可以推动后者的形成，是设计思想形成的催化剂；后者可以完善前者，使表现形式赋予实战性，变得准确完美。

6.2 手绘表现的分类

6.2.1 手绘草图

手绘草图是设计师通过图形或标注的形式快速表达设计构思的过程，是设计方案形成的过程。手绘对景观设计会产生深远影响，初期的一些零散想法可以被快速地捕捉；平面、立面的推敲有利于加深对设计场地的尺度和空间关系的理解和把握；快速草图有利于研究整个场所氛围，比较各种可能性；细节大样草图探讨材料工艺。手绘草图表达的就是设计师的各种设想。手绘的不精确性也导致了设计师在设计中既重视理性思考，也重视心理感受；既重视分析，也强调直观把握，如图 6-1 所示。

6.2.2 手绘效果图

手绘效果图是方案形成后通过手绘表现的形式展示设计构思的绘图方式，是设计师用来表达设计理念、传达设计意图的工具。在室内、室外设计的过程中，手绘效果图既是一种设计语言，又是设计成果的重要组成部分，是从意图到效果图的设计构思和设计实践的升华，如图 6-2 所示。

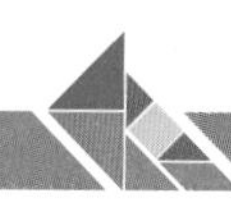

图 6-1　手绘草图

图 6-2　手绘效果图

6.3　手绘草图的分类、作用及其在设计中的应用分析

手绘设计草图是设计人员了解社会、记录生活、再现设计方案、推敲设计方案、收集资料时所必须掌握的绘画技能。一个好的设计构思如果不能快速地表达出来，就会影响设计方案的交流与评价，甚至由于得不到及时的重视而最终被放弃。因此，手绘设计草图对设计人员来说是交换信息、表达理念、优化方案的重要手段。

6.3.1　手绘草图的分类

从总体来看，设计师所绘制的草图可分为分析性草图、意向性草图、中期性草图。

1．分析性草图

分析性草图是对设计任务初步分析和理解的过程，主要指在设计过程中，为了寻求设计的解答方案而做的“图示”尝试，这样的草图往往带有鲜明的个人特征，甚至很难被他人识别。但是对于设计者本人而言，这里面蕴含着设计走向下一步的重要“基因”——很多成功的景观，其主要特征往往在设计最初的草图中就埋下了伏笔，这样的草图涉及的思维方式以发散思维为主，如图 6-3 所示。

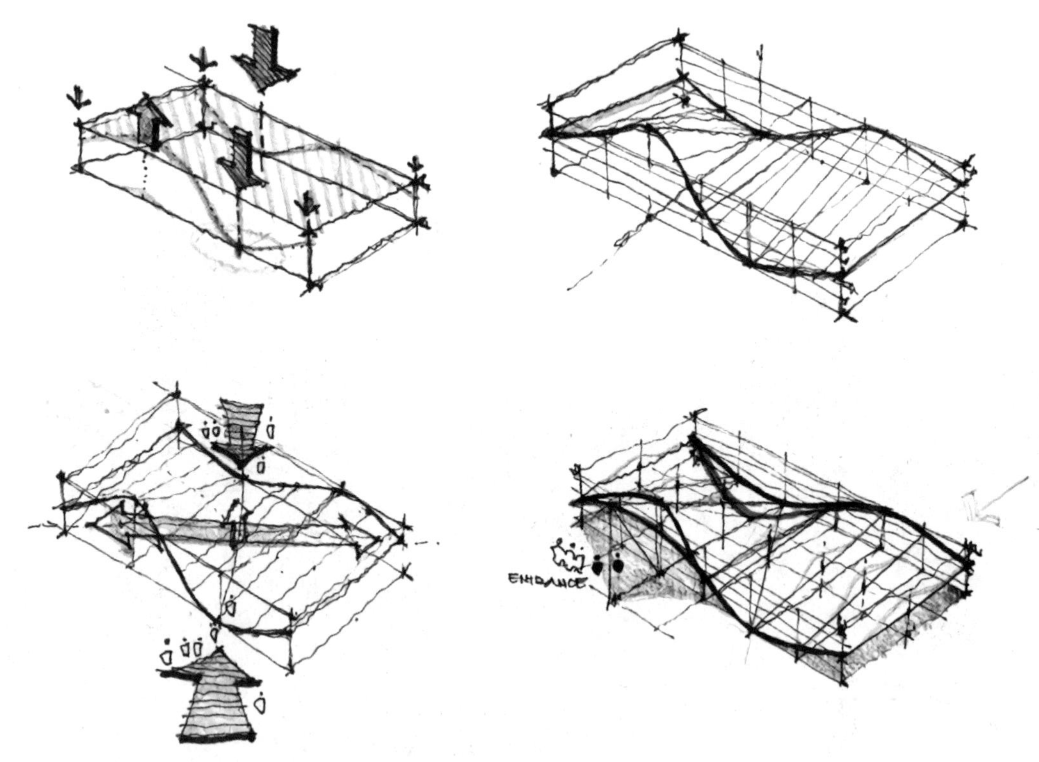

图 6-3　分析性草图

2．意向性草图

意向性草图是对分析性草图的深化，这是针对设计任务提出设计意向所绘制的草图。在实际的设计过程中，这两种方式的草图之间是相互渗透的。分析性草图在不断推进过程中，需要不断地明确和界定设计理念，思路明朗得益于意向性草图的准确定位。如果把一次设计过程看作是一次航行，那么意向性草图则是锚，在需要的时候

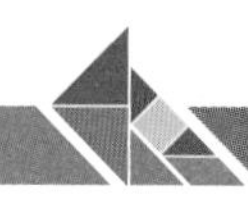

暂停下来，等待下一次启动；而分析性草图犹如船帆，面向目标，不断调整方向以找到最合理的航行路线，如图 6-4 所示。

图 6-4　意向性草图

3．中期性草图

中期性草图是为了表达设计观念、策略而绘制的草图。表达的接受者可以是他人，也可以是设计者本人。这类草图所要求的是信息传递清晰、明确，它是对前两个过程的归纳总结，如图 6-5 所示。

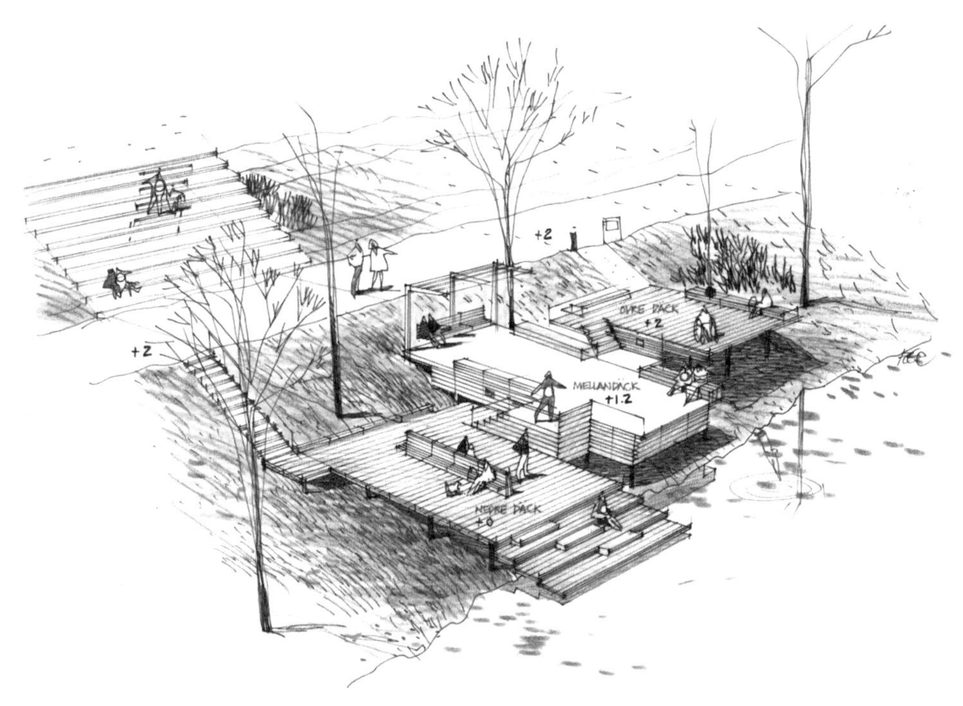

图 6-5　中期性草图

6.3.2 手绘草图的作用及特性

草图是表达建筑的最初想法，是设计过程中的重要环节，主要用于表达设计的意图和效果。它主要有以下三个特性。

1．艺术性

草图是绘画艺术与建筑艺术的高度结合和渗透，营造出了多彩多姿的艺术效果，具有独特的实用功能和审美价值。草图既像素描那样有在对明暗的理解和运用上的灵活性技巧，又像速写那样有对生活的理解和情感中产生的魄力，也有把握整个画面的气势和局部的大效果。手绘草图用笔时应大胆挥洒，线条会随之自然流畅，如图 6-6 所示。

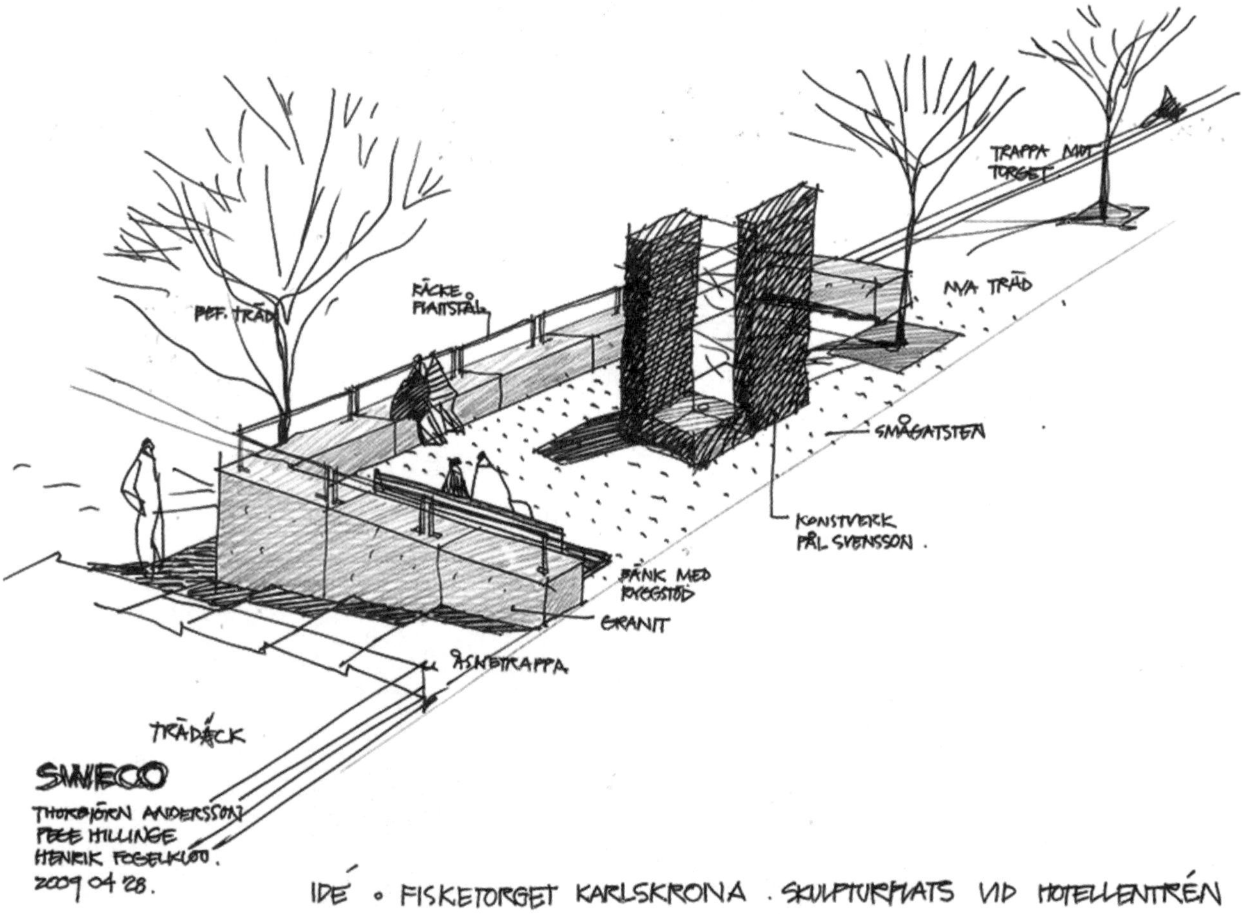

图 6-6　草图的艺术性

2．快速性

草图是一个快速表现的过程，它能随时随地很快地表达设计者的思维，能帮助设计师将稍纵即逝的构思和灵感快速地记录下来，也就是把设计师丰富的形象思维和抽象思维尽快地表现为可视图形，使构思更成熟，给予意念以形象，将抽象的思维从头脑中转化成具体的形象，并通过徒手表达的形式快速表现出来，如图 6-7 所示。

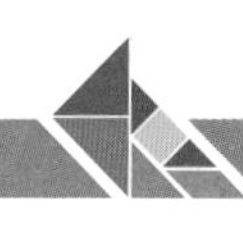

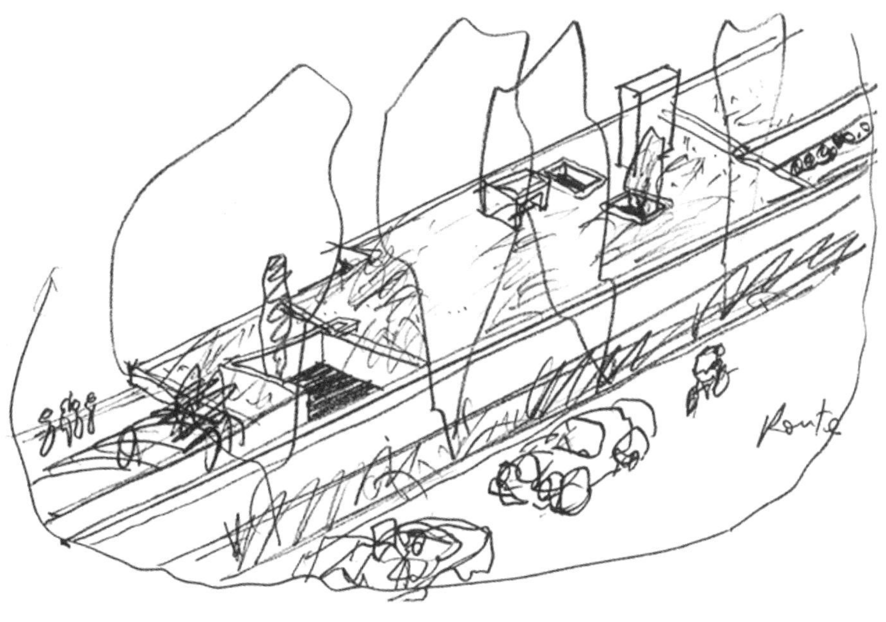

图 6-7　草图的快速性

3. 易于推敲性

绘制草图的过程即为一个推敲的过程。从简单的线条变化，再到创造性活动过程中，不断地需要将头脑中的构想图形、形体、空间、组合等在草图上进行进一步的修改加工，并不断推敲完善，如图 6-8 所示。

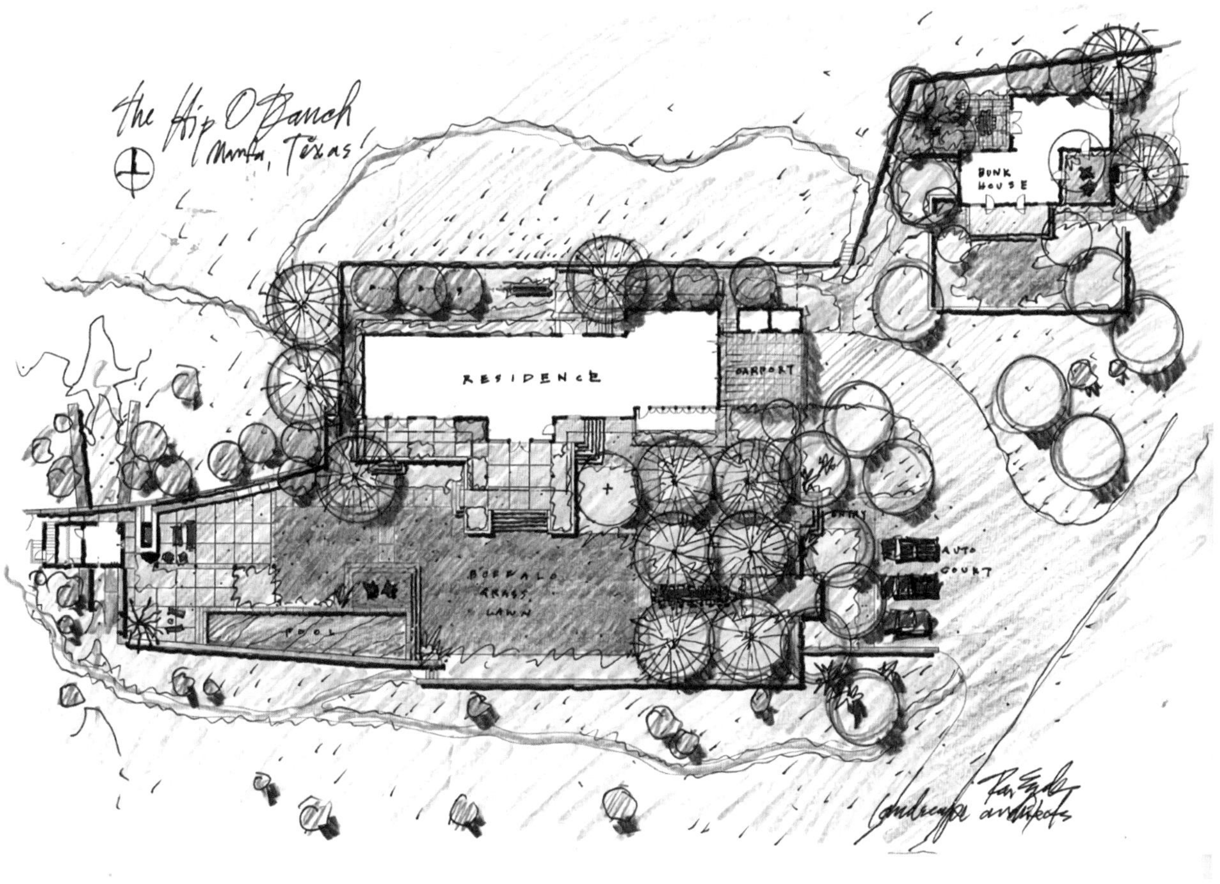

图 6-8　草图的易于推敲性

6.3.3 建筑设计草图的生成环境

建筑设计草图是设计师捕捉灵感、推敲设计、实践想法的重要手段之一，其生成过程有如下三点。

（1）灵感来临时瞬间捕捉。设计师在生活体验中往往会突发灵感。为了捕捉这种突现的灵感，可以将其记录在草图上，然而在设计过程中有太多偶然因素，所以在设计千变万化的前提下，草图的生成也具有偶然性。

（2）草图创作是一个推敲设计过程。当设计师的思想得到解放，运用脑、眼、手、图创作出比单一的大脑思维活动更多的新想法，而整个过程犹如登台阶，由感知到思考，再由思考到感知，不断地从一个平台到另一个平台，在其中不断地优化草图。

（3）草图创作是思维相对运动的过程。设计师在头脑中把信息总结完后，不论是物质层面的还是心理层面的，当设计师把这些信息组织升华为自身的设计语言时，需要把抽象的思维落实到具体形象的实物上，所以设计草图便生成了。

6.3.4 手绘草图是设计创作形成的过程

手绘草图是一种动态的、有思维的、有生命的设计语言。手绘草图的绘制过程是设计创思形成的过程，可以概括为：绘制—感知—思考，再绘制—再感知—再思考。

手绘草图贯穿于设计的全过程，它能在第一时间、第一地点快速地表达设计者的思维，使构思更成熟，给予意念以形象，将抽象的思维从头脑中转化成具体的形象，并通过徒手表达的形式表现出来。手绘草图作为设计师设计创意思维的重要工具，在思维运动的过程中，在建筑设计思考的不同阶段，扮演了各种不同的重要角色。在设计创作初期的草图阶段，并不是已有景观设计的表达，而是从无到有、无中生有的表达过程。从简单的线条变化，再到创造性活动过程中，需要不断地将头脑中的构想图形、形体、空间、组合，甚至场地氛围，都通过这样的图画进行表达，因为这是一种呈现设计意图的最为快捷方便的方式，如图 6-9 所示。

在设计过程中把记忆、联想和想象作为创造性思维的最基本的过程，对于景观草图创作的产生起着决定性作用。学习时应剖析人脑创造性思维的产生过程，讨论草图作为记忆、联想和想象的辅助工具是如何帮助这三个部分更好地融合起来，从而达到草图创新的飞跃。设计师把自己的记忆、联想、想象体现于手绘草图中，从本质上说，手绘草图就是这三种思维方式的结合体，每一张设计草图都是由这三部分思维方式拼接产生出的线条所构成的。但是由于设计师思维的差异或阅历有所不同，三部分的构成比例也各有不同。记忆体系为主的草图，将带给设计师非常经验化的草图，这些草图凝聚了前人甚至可能是设计师本人研究的成果，这些是源于知识的积累；联想体系较多的草图，能体现设计师对于现有事物进行改进的需求，这类草图不仅仅是效仿，更是对前人经验的再次改良；而想象部分占有量较多时的手绘草图，则预示着经验的突破，预示着新领域的开发。

徒手草图是设计师语言的重要部分，是景观设计中最基本的推敲手段之一，它有着自身鲜明的特征与特定的生成方式。徒手草图也是设计者重要的信息交流手段之一，一方面是设计师自身与设计对象的交流，另一方面是设计师与他人的交流。在设计过程中通过对草图本身的研究探讨，能帮助设计师将稍纵即逝的构思和灵感快速地记录下来，也就是把设计师丰富的形象思维和抽象思维尽快地表现为可视图形，这样有助于设计者清晰地知道怎样扬长避短地选择不同的“推敲”方式。所以说在设计过程中草图所包含的信息是无穷无尽的，从景观细节到城市设计，都可以非常灵活地出现在草图的任何一个地方，设计师通过草图不断地记录下设计过程中的点滴构思，使草图成为“凝固”思考成果的过程，设计者的思考、创作起始、修改、取舍的过程都被记录于其中，所以在这个意义上，草图可能不仅是“图”，也成了设计者设计创作形成的过程。当然草图绘制过程并非正式的，它包含着不断修正且多层次的复合信息，但又应该是准确而刻意的，因为草图的目标是直指现实世界，而且这样的准确性在设计的发展过程中将会越来越趋于明显，一直到最后，草图将会逐渐演化为正式的设计图纸。所以说，一份满载思想火花的草图必将有力地推动设计的发展，如图 6-9 所示。

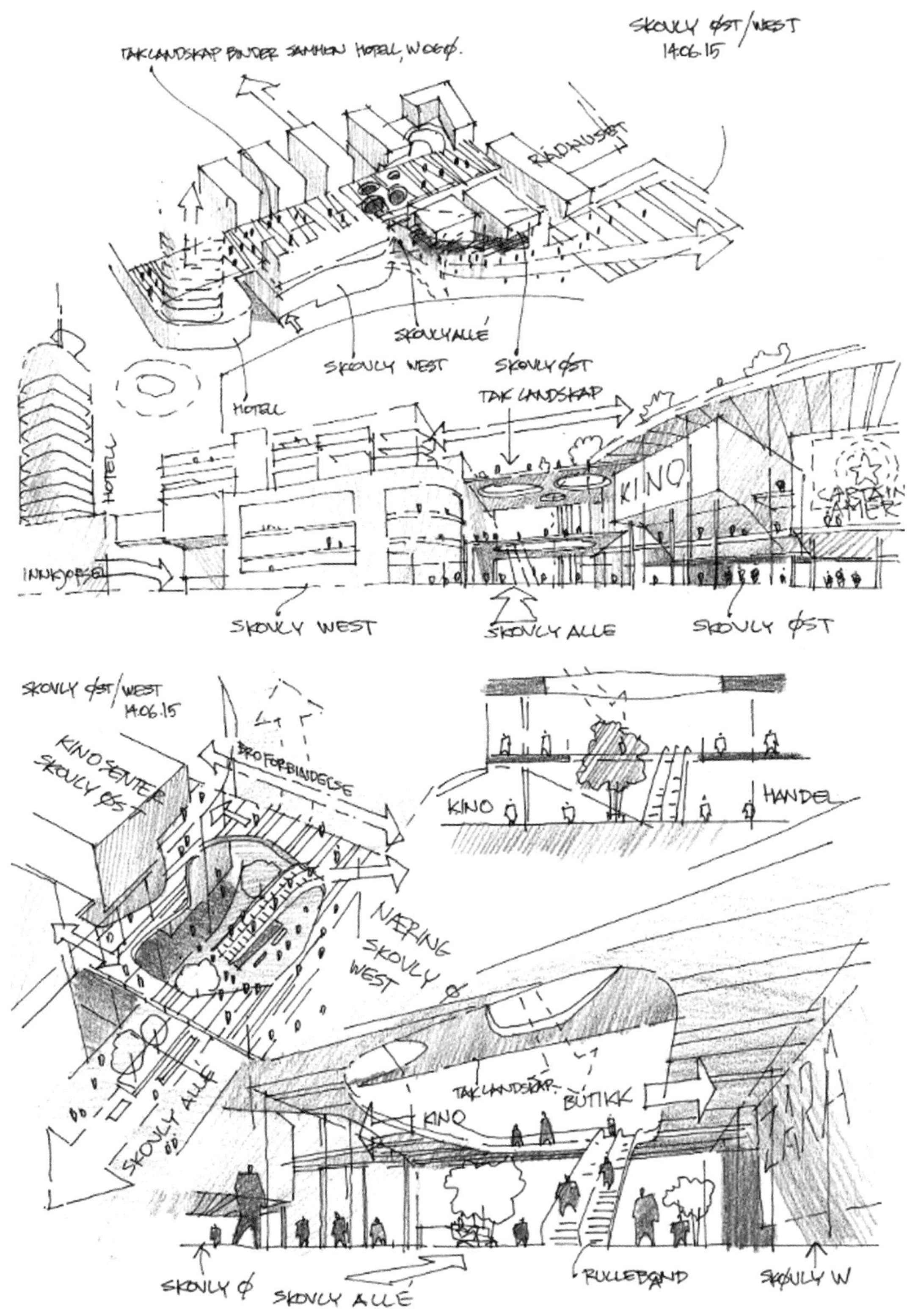

图 6-9　草图呈现设计意图

6.3.5 设计草图的机能

(1) 信息转译机能。在设计过程中,设计师总会在头脑中组织大量设计信息,这些信息不仅包含空间、材料、建造技术等“建筑”信息,也包含人的行为心理、气候、地形、交通等“非建筑”信息,与此同时还会受到艺术、经济、文化背景等的影响。当设计师将这些信息组织消化为自身的设计语言,并最终以景观的形态产生出来后,所有的信息都将在这个具体的、三维的物体上实现。从抽象的设计信息到具体的视觉语汇的过程可以视为一种“信息转译”。

(2) 弹性思考机能。手绘草图可以使设计师形成轻松、灵活、开放、变化的思考方式,一条路一直走下去,沿途往往有很多障碍或者疑难。我们的思考方式也不应该是僵化与独立的。轻松、灵活、开放的设计方式往往更容易得到新的启示,找到新的创意点,形成思想跳跃。

(3) 可能性探索机能。设计本身就是一次次解决问题的过程。但设计问题绝不仅是“功能”问题,而且也不会轻易显露在那里等待解决。因此发现问题的能力的重要性丝毫不亚于解决问题的能力。虽然草图本身无法思考,却为思考提供了一个外部载体。

(4) 构思表述机能。通常草图指的是设计者构思过程的设计简化图。另外还有一部分草图是讲述性的,绘制的过程也就是向别人讲述的过程,这是一种非常有效的表达方式,甚至要比自己直接讲述更有意义。

(5) 形象表达机能。设计师对物体造型的设计既有个人意志的一面,又有社会综合影响的一面,需要得到工程技术人员的配合,同时也需要了解决策者的意见和评价。为了提高设计的直观性和可视性,增加对设计的认识,及时地传递信息、反馈信息,设计草图是最简便、最直接的形象表达手段,是任何数据符号和广告语言所不能替代的形象资料。

(6) 连续记忆机能。通常设计师的构思、设计要经过许多影响因素的连续思考才能完成,有时也会出现偶发性的感觉意识,如功能的转换、形态的启发、意外的联想和偶然的发现甚至梦中的幻觉,都有意识或无意识地促使设计者从中获得灵感,发现新的设计思路和形式,此时只有通过设计草图才能留住这种瞬间的感觉,为设计注入超乎寻常的魅力。

(7) 资料收集机能。设计是人类的创造性行为,任何一种设计从功能到形态都可以反映出不同经济、文化、技术和价值观念对它的影响,形成各自的特色和品牌。市场的扩大加剧了竞争,这就要求设计者要凭借聪慧的头脑和娴熟的技能,广泛地收集和记录优秀的设计案例。

(8) 艺术性培养机能。手绘表现图虽然不能等同于纯绘画的艺术表现形式,但它毕竟与艺术有着不可分割的关系。绘画中所体现的艺术规律也同样适合于手绘表现图中,如整体统一、对比协调、秩序节奏、变化韵律等。景观建筑设计表现图中体现的空间气氛、意境、色调的冷暖同样靠绘画手段来完成。通过训练可以提高设计师对设计方案的敏感度,有利于设计师艺术修养和综合设计素质的提高。

6.4 手绘效果图在景观项目中的应用研究

6.4.1 草图设计的深入

在景观方案设计的初步阶段,景观构思草图是方案设计的源头,是设计师通过绘制图形的手段来表达自己想法和设计理念的视觉传达手段。草图是捕捉转瞬即逝的灵感的方式。在千变万化的设计过程中，绘制草图的过程是一个推敲的过程，也是设计创作形成的过程。设计师通过对场地观察记录，例如记录场地的周围环境、空间尺度、隔音防噪和感知场地等，用简单的线条，表达场地的空间组合、周围环境、人体尺度以及场地空间给人的感受。当设计师把收集到的信息组织成设计语言时，通过手脑的结合，把抽象的思维落实到具体的设计中，就形成了初步的设计草图。尤其在平面推敲阶段，设计草图可推敲场地空间，思考各种合理的可能性，如图 6-10 所示。在空间设计中，场地效果图的推敲同样从快速草图开始不断深入深化完善，如图 6-11 所示。

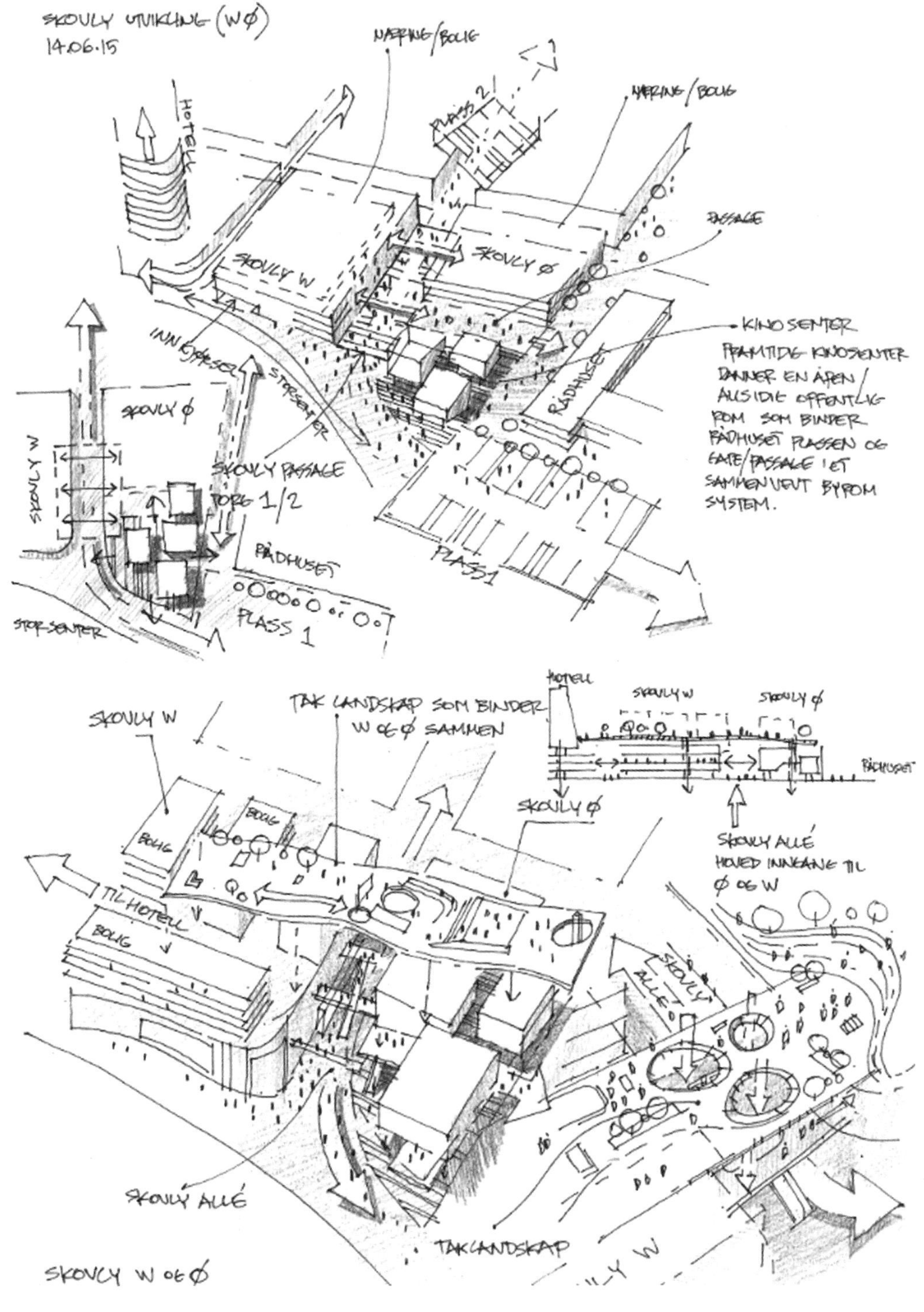

图 6-10　草图应用于推敲场地

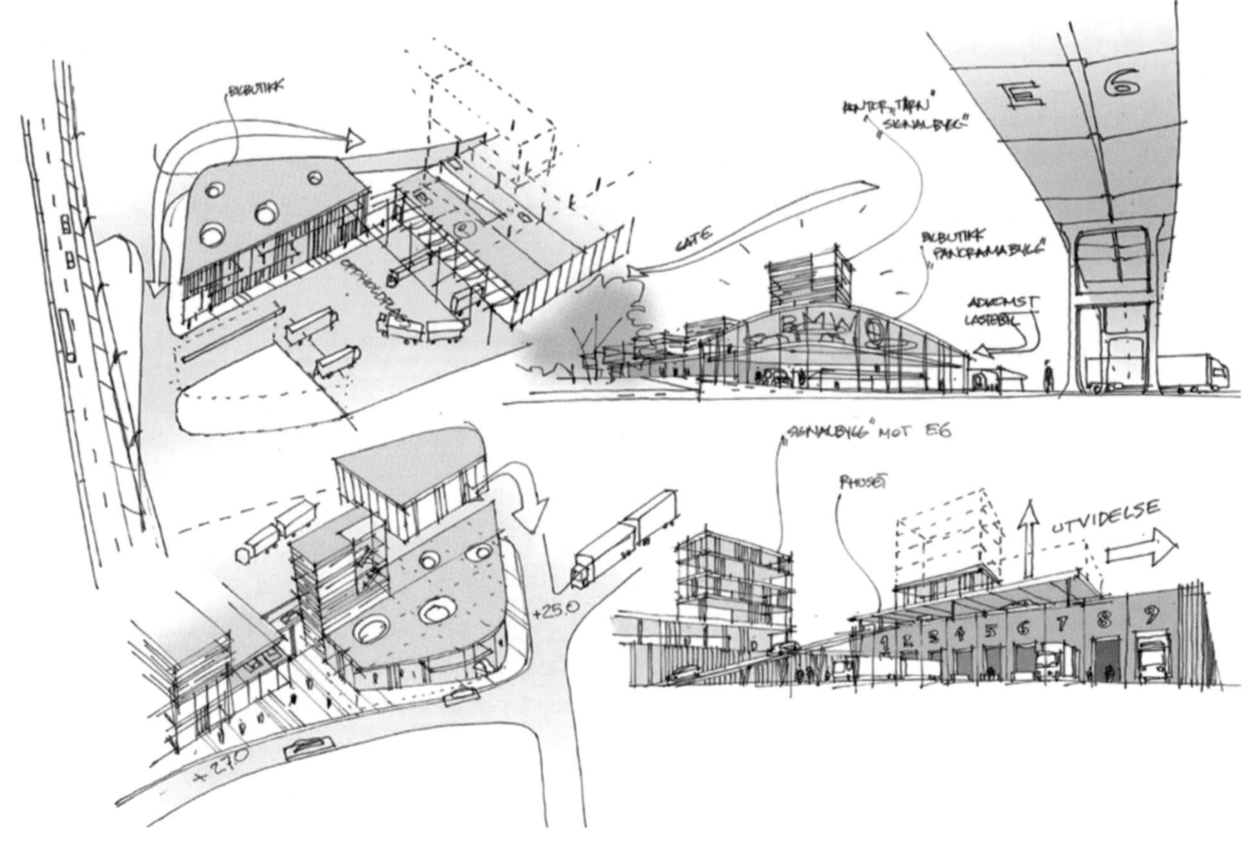

图 6-11　草图运用于空间的深化完善

6.4.2　中期设计阶段

有了初步的设计草图，再到创造性活动过程中，不断地需要将头脑中的构想、图形、形体、空间、组合在草图上逐步绘制，推敲之后加以完善。由感知到思考，再由思考到感知，不断转换提炼，不断进行思维与技法的转换碰撞，继而考虑设计合理性等因素，不断地调整设计方案，直至形成最终的设计方案，如图 6-12 所示。从平面图来看，这个时期往往是把前期设计草图的想法落地实施为设计的阶段，考虑实际场地情形、文化背景等因素，合理地推敲平面设计草图，不断深入调整概念设计并且最终形成具象的平面设计。在推敲设计平面方案的时候，同时也要结合竖向设计，如图 6-13 所示。可以勾勒立面草图，不断推敲，得到立面的初步效果。所以在中期阶段，平面、立面互相渗透，应互相推敲来进行设计。

图 6-12　不断调整并完善方案

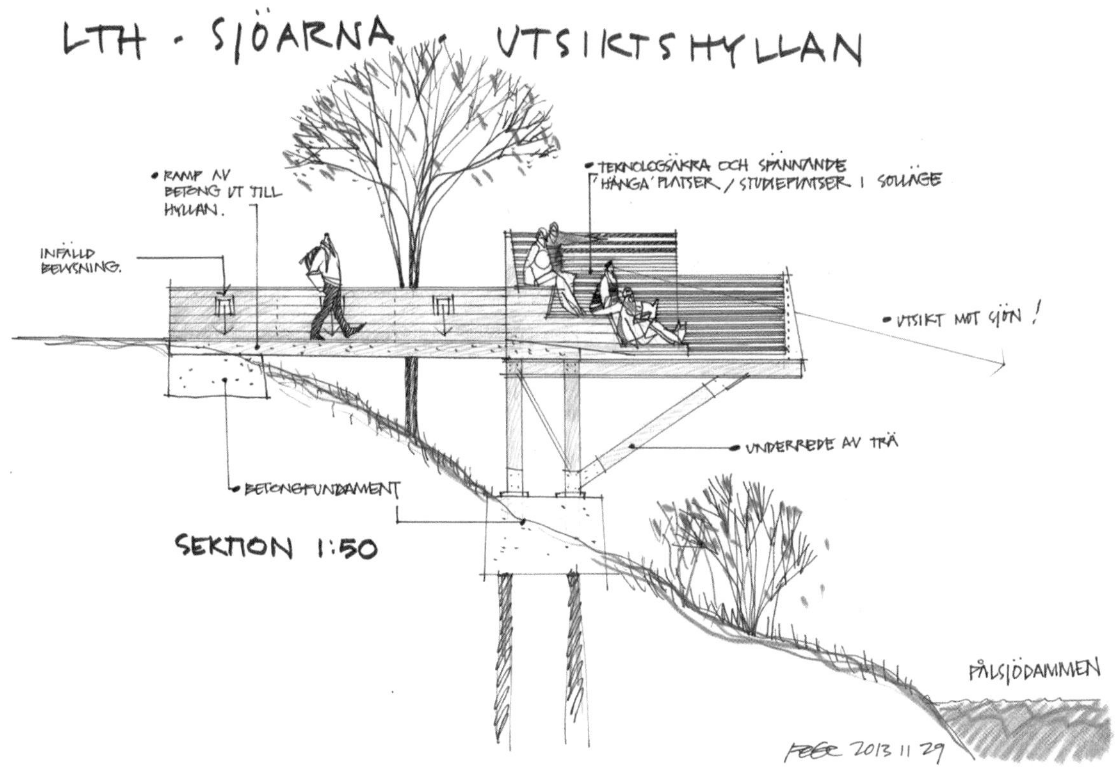

图 6-13　结合竖向设计快速推敲

6.4.3　后期设计阶段

设计方案确立后，进入最后的设计完善阶段。这个阶段的效果草图、立面图或者最终的表现效果图，都要不断地进行细化设计，如图 6-14 所示。一步一步绘制并适当调整，直至形成完整的设计方案。后期的细化深入阶段手法风格多样，运用彩铅、马克笔、水彩等都会形成独特的美感，如图 6-15 所示。

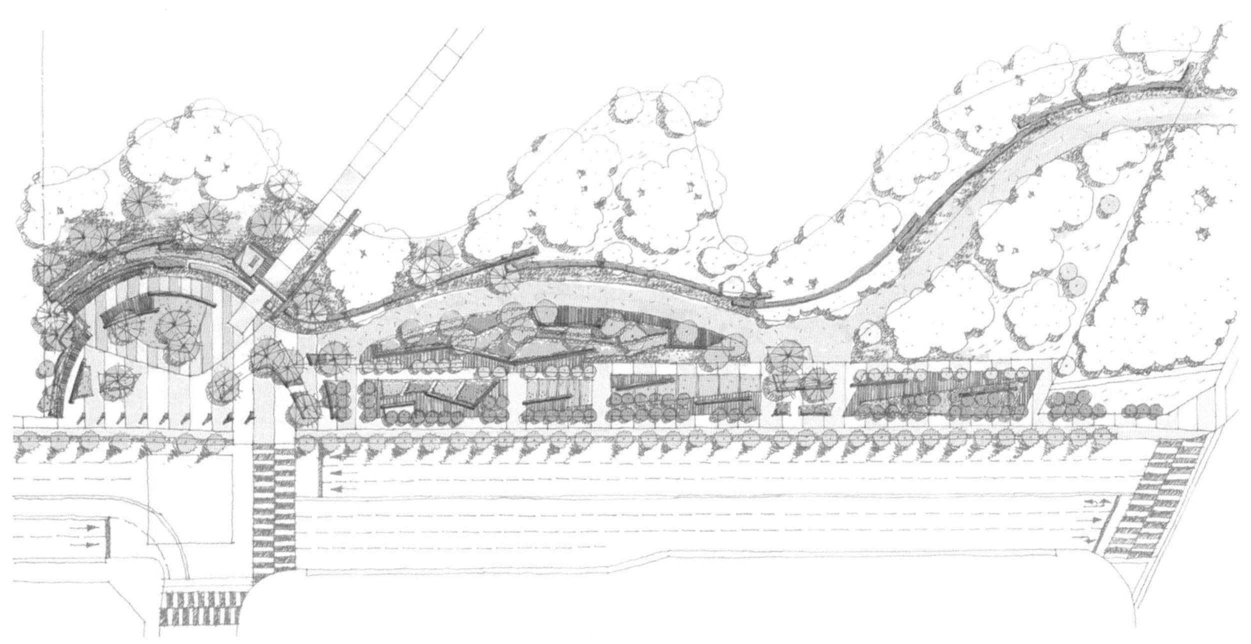

图 6-14　细化设计

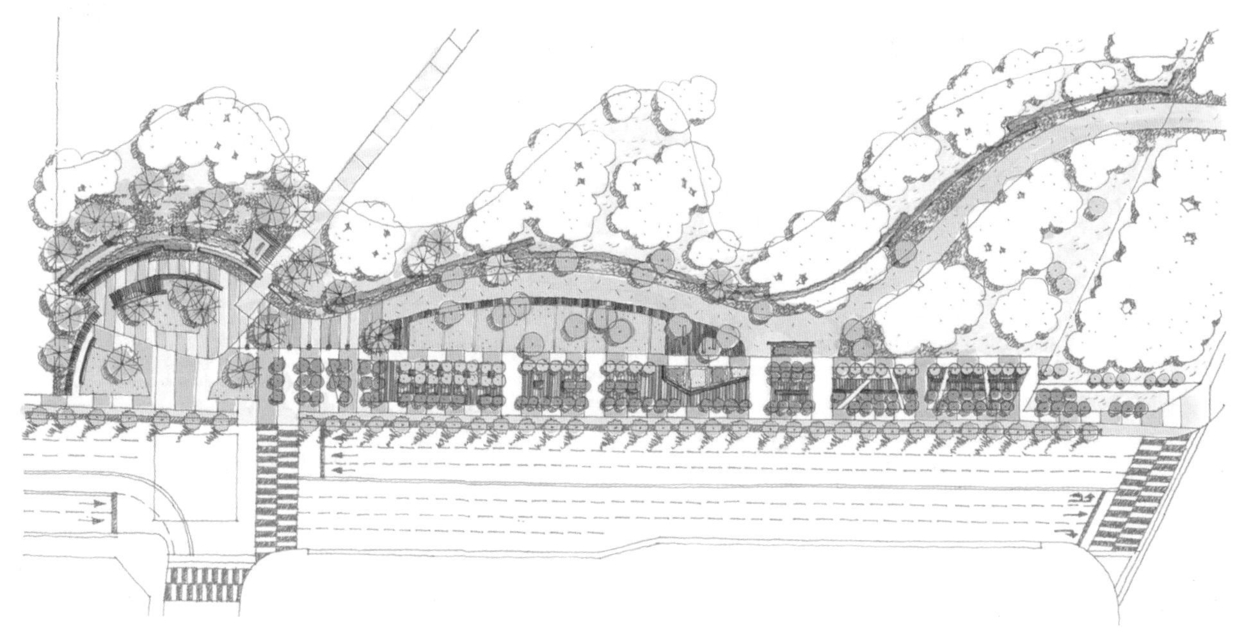

图 6-15 形成方案

6.4.4 案例解析

1. 恩施贡街——梦巢小镇旅游区景观设计

1）项目概况

本项目位于宣恩县珠山镇莲花坝沿河路与莲花三路交汇处，在贡水河畔，围绕沿河路（下河段）而建。本项目南侧有一个停车场，为游客的出行提供了很大便利。对面是贡水河道景观长廊，沿河而建，风景优美，景观资源丰富。贡街——梦巢小镇居住区周边用地现状的优点分析如下：该区域具有明显的大陆性气候特征，四季交替明显；区域内土地为农耕用地类型，具有充沛的地下水资源；区域内的日照充足，热能资源丰富，适宜植物的生长，如图 6-16 所示。

图 6-16 基地建设前状况

2）设计理念

依据"一城引领、两水支撑、四片联动"的空间发展模式，宣恩县全域空间结构组织为一核、一环、一带、四片区。一核：主城文化休闲区；一环：近郊土家生活游憩区；一带：贡水河旅游区；四片区：北部茶乡休闲片区、西部民俗体验片区、南部土家原乡片区、东部探秘度假片区，将宣恩县打造为一个多元化复合功能的生态旅游区，如图 6-17 所示。

图 6-17　度假休闲区效果图

3）设计原则

通过对宣恩县全域旅游资源及周边资源的整合分析，全面构筑起“全方位拓展、全要素配套、全时空体验、全产业融合、全业态创新、全城市共建、全社会共享”的全新旅游产业发展格局，塑造“仙山贡水浪漫宣恩”的品牌形象，将宣恩县打造成为中国原生态民族文化旅游目的地，成为国家体育旅游示范基地、全国森林康养示范区、全国民宿产业发展示范区，以及鄂西圈旅游战略支点、恩施州旅游会客厅和首站地，如图 6-18 所示。

图 6-18　旅游区会客厅效果图

4）设计步骤

（1）方案构思草图。在本项目中，设计作品的创意是以中国元素为媒介，而不是单一地用这些民族符号、图案做视觉元素。强调的不是表面形态的“中国化”，即所谓的“看起来像中国风格的”设计作品，而是一种引人思考的内质的中国传统文化，如图 6-19 所示。

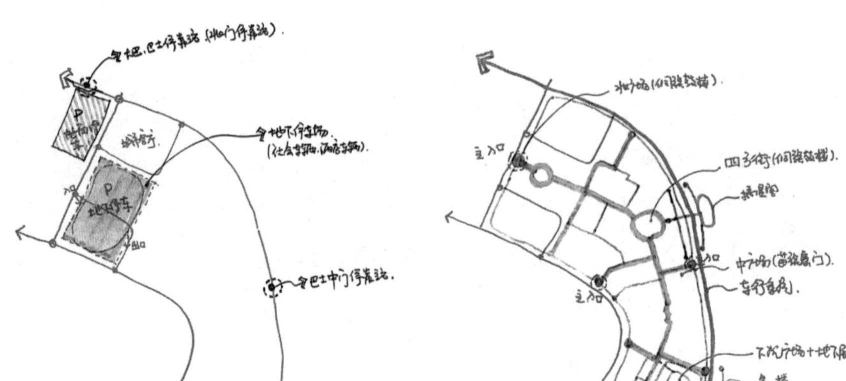

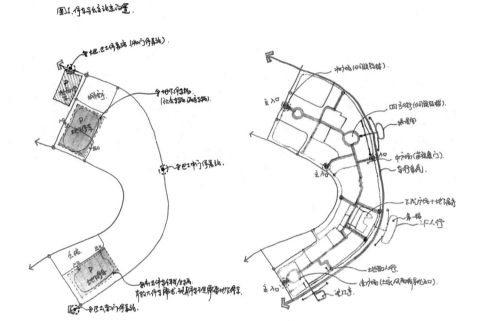

图 6-19　方案构思草图（1）

（2）初步深化。现代景观设计注重设计的文化内涵，并不仅只是把各种元素拼凑组合，生搬硬套，因此，在将中国传统的图案和现代的设计合并时，除了中国传统模式的创新应用，我们更应该对中国传统元素的寓意进行深入了解，使其在景观设计中更好地为“意”的传达而运用，如图 6-20 所示。

（3）风格意向。传统的文化元素是中国五千年的智慧，是中国文明的体现，传统文化元素不仅影响艺术的发展，同时也为设计行业起到了推动作用。传统的彩色图形在现代标志设计中具有深远的意义。梦巢小镇旅游度假与中国的传统文化是分不开的，只有将传统与现代相结合，才能使我们的设计呈现出宣恩县独特的文化韵味，如图 6-21 所示。

5）景观节点设计

景观节点通俗来说就是景观中的一个使人们的视线汇聚的地方，也就是整个景观轴线上比较突出的景观点，它往往在整个景观设计中起到画龙点睛的作用。景观节点往往是游览者视线聚焦的地方，同时它又有一定的空间区域，如图 6-22 所示。

2．杨凌锦逸国际城居住区景观设计

1）项目概况

该项目位于陕西省杨凌农业高新技术产业示范区，地处陕西关中平原中部，东距西安市 82 千米，西距宝鸡 86 千米，面积 94 平方千米，下辖县级杨陵区，总人口 16 万，城市人口 8 万。杨凌区地势北高南低，区域河流为漆水河、渭河、韦水河，以渭河为主，三面环水，呈三层台阶结构。该区域具有完善的配套设施，拥有宜居的环境。现有规划地块面积 47682.19 平方米，总建筑面积 218253.71 平方米，建筑密度 27.50%，绿地率 40.20%，容积率 3.86。规划由 13 栋联排楼房组成，沿街为商业大楼，如图 6-23 所示。

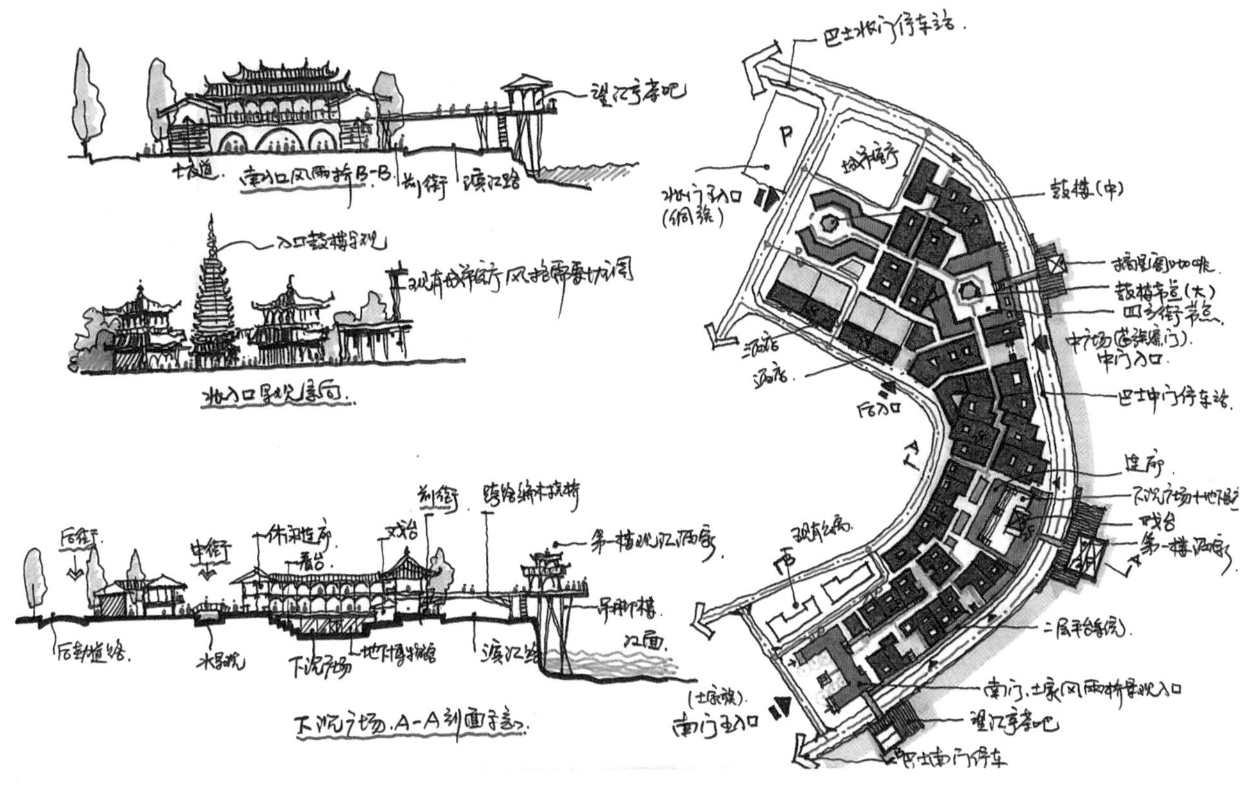

图 6-20　方案构思总图

图 6-21　方案意向图

图 6-22　一个节点的效果图

图 6-23　项目概况

2）设计理念

设计中以人文、生态、和谐为小区景观设计的基调，运用手绘表现技巧，充分发掘思维的创造能力，表现出不同的景观空间类型。景观节点设计结合小区温馨和谐、生态环保、人文艺术的基本理念，将景点外形设计为圆弧形，这样显得曲线优美自然，将景观与建筑由点、线、面相融合，同时可以使建筑群体与环境之间最大限度上相互协调并融合统一，形成一个完整的有机体，使园林景观成为延伸建筑的“户外厅堂”。

遵从以人为本的设计理念，全面考虑人和景观节点之间的相互关系，以满足不同人群的功能需求为目的，如道路、广场以及景观小品等，使其与地方特色和环境建设相结合，创造一个情景交互式园林空间，展现简洁的欧式风格和背景；同时最大限度地提高建筑和环保组织之间的相互共存，形成一个统一的有机体，如图 6-24 所示。

3）设计原则

随着社会现代化步伐的不断加速及人们的居住理念的不断升级，该方案努力实现人性化居住要求，力求打造一个高品质、文化气息浓郁、充满人文关怀的小区。

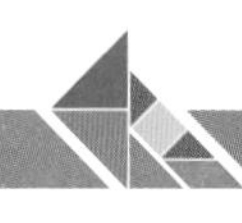

图 6-24　整体鸟瞰图表现

锦逸国际城的所有建筑以景观为依托，形成半开放式的景观，满足人们对不同景色的欣赏和享受需求。景观设计是我们生活中的一部分，优美的景观直接影响我们的生活质量，将环境与建筑融为一体，是锦逸国际城景观设计规划的精髓所在，力求把锦逸国际城打造成为一个高端社区，如图 6-25 所示。

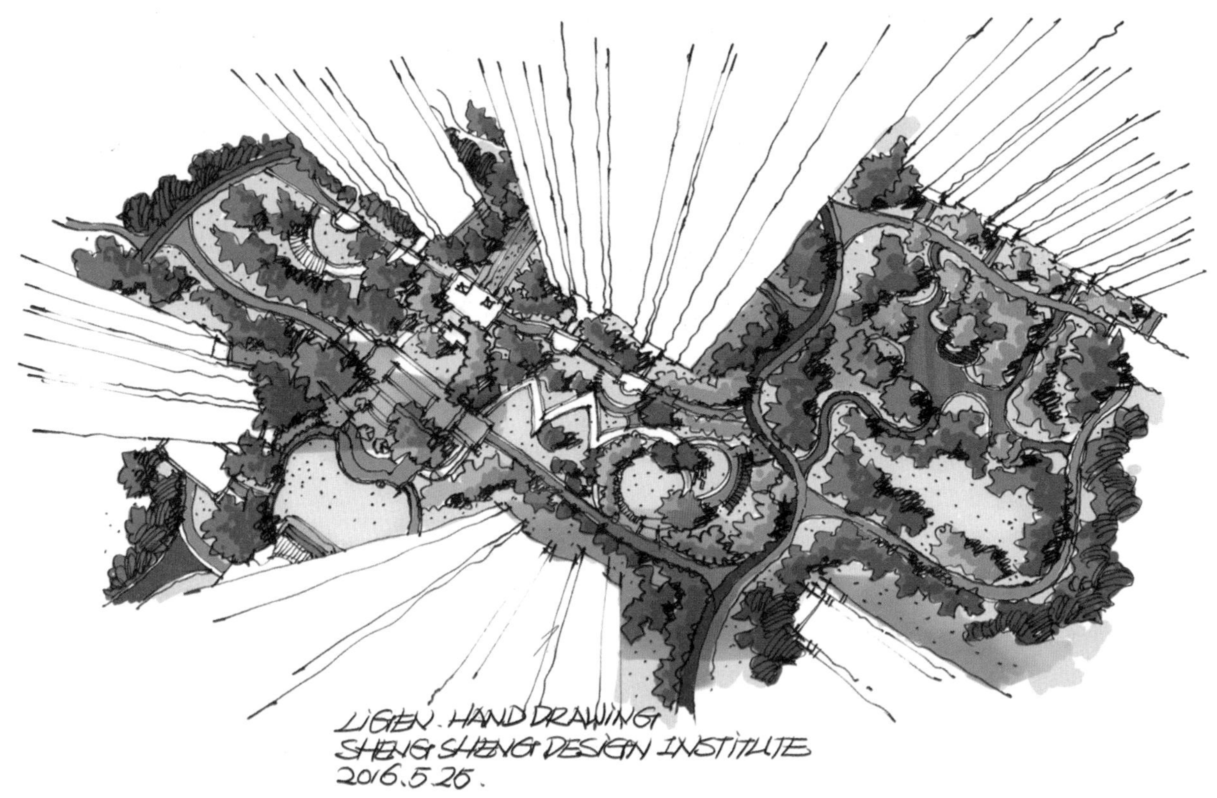

图 6-25　景观生态原则在手绘景观设计中的体现

（1）“以人为本”原则。在长期的稳定居住生活后，人会产生对居住环境的依赖，人们都会希望拥有优雅与富有诗意的栖居。设计时首先要考虑好景观设计的功能与视觉效果相结合的能力，考虑不同居民群体的景观欣赏需要，努力营造一个高品质的、具有浓郁文化气息的小区环境。

（2）景观的生态性原则。随着社会现代化步伐的加快和人们生活环境的日益恶化，为提高生活环境质量，生态环境设计也逐步进入设计师的视野。本项目集中改善生态花园，创造一个舒适的生态环境，打造优美的景观空间。多层次的植物层林结构，不仅创造了疏密有致的植物群落，还可以减少噪声污染和粉尘污染，降低环境的温度，创造出一个自然、健康、生态、绿色、环保型住宅小区。

（3）景观的功能性原则。住宅小区的景观设计主要是为了满足小区居民休闲、娱乐等方面的要求。设计时在考虑满足功能需求和景观需求的基础上，要创造出一个理想的生态空间，使景观功能和人们的需求统一起来，既要考虑实际功能，也要满足人们的审美要求。例如，设置座椅凳、廊架、亭子以满足人们休息的需要。

4）设计步骤

（1）方案构思草图。设计师通过研究项目背景和现状，对项目周边环境进行勘察了解及综合分析，根据现场实际勘查情况对方案进行构思和设计，在初期平面图中反映出各功能分区及空间构成情况。前期先对方案进行宏观把控，从整体上进行规划设计，如图 6-26 所示。

图 6-26　方案构思草图（2）

（2）初步深化。在完成整体空间布局的基础上，再对植物种植区域进行深入细化，并根据地形的不同而采取相应的处理手法，如图 6-27 所示。

（3）风格意向。根据住宅区所在区域的地形、气候、人文习惯和风俗等各方面因素，设计和营造符合该住宅区特点的植物景观风格，要从美感、观感以及实际使用等方面进行综合考虑，做到实用大方、布局合理，防止出现过于奢华、只追求高档的现象，如图 6-28 所示。

5）景观节点设计

“花盈叠水”景观位于小区北侧，与五湖路相连，该处入口采用现代的叠水和植物搭配，优美雅致。在环境景观的组成上，采用桂花、广玉兰为主景，下面间隔布置彩色叶小灌木，使景观层次更加丰富。中间设置跌水，水面空间开合自如，沿水两侧道路放置几组花钵，地面铺装应用交错变换，引导人们的视线至小区内部，植物（花）、水体、铺装相结合，有静有动，让居住区内业主都能感受到水景带来的灵动美，通过建筑和景观的相互渗透和照应，把人们引入居住区内部，展现出一个美观实用的居住区空间，如图 6-29 所示。

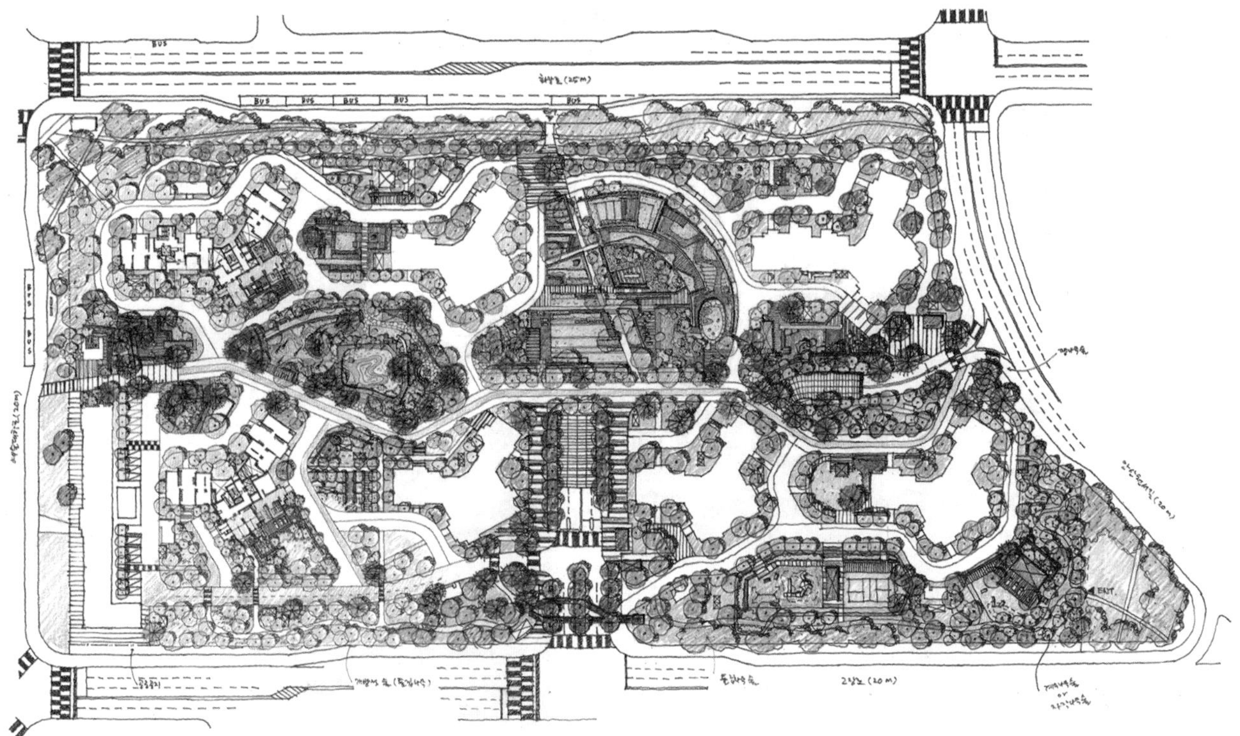

图 6-27　初步深化总图

图 6-28　居住区风格意向

图 6-29 “花盈叠水”景观手绘效果图

3．重庆观音桥步行街设计

1）项目概况

观音桥步行街地处重庆市江北区，是中国著名的商业街，也是西南地区规模较大、较宽敞、绿化率高达 40% 的步行街，城市景观公共空间面积达 20 万平方米，步行街由占地 3 万平方米的商业建筑及一条长 400 米的商业步行街组成。北城天街购物广场运用步行商业街国际商业流行理念，集购物、休闲、餐饮、娱乐于一体，拥有两家主力百货店，两家大型超市，三个休闲景观广场，一个多厅电影城及拥有数百泊车位的大型停车场，包容百货、超市、专卖店、大卖场等各种商业形态，吸纳全市消费力，是目前重庆规模较大、业态较丰富的购物广场。经常开展形式多样、丰富多彩的活动，让重庆市民在享受舒适购物乐趣的同时，还可以体验不同风情的不同文化，如图 6-30 所示。

图 6-30 观音桥步行街

2）设计理念

将两江交汇（嘉陵江与长江）作为公园与步行街的两大主轴线，串联出地块的有机线条道路。将江北城的历史、传统、文化，如吊脚楼、巴渝文化等，注入各个景观节点，力求打造一个具有参与性、互动性、科普性的“功能分区合理、基础设施配套、步行系统完善、交通网络畅达、生态环境优美”的观音桥商贸中心，如图 6-31 所示。

图 6-31　观音桥商贸中心（1）

3）设计原则

力求以靓丽的景观聚人气、畅达的交通增商气。将城市规划与商业规划、城市建设与商业招商、城市景观与商业购物有机结合起来，具有商业购物、文化娱乐、酒店餐饮、金融服务、商务办公、居住休闲等功能。观音桥商圈城市景观集公园、广场、步行街三大功能于一体，使商业与景观实现有机地结合，成为融生态观赏、游览、购物、休闲、娱乐为一体的大型生态商圈，如图 6-32 所示。

图 6-32　观音桥商贸中心（2）

4）设计步骤

（1）方案构思草图。在每个原则系统的分支基础上，根据不同的人群体验需求进行功能空间类别划分，创建一系列的网络和空间层次结构，从而为功能、体验和组合提供设计指导。考虑到项目未来的灵活性，可以随着时间的推移而适应本身基地环境的多样变化，以满足特定人群和普通民众与景观的互动，如图 6-33 所示。

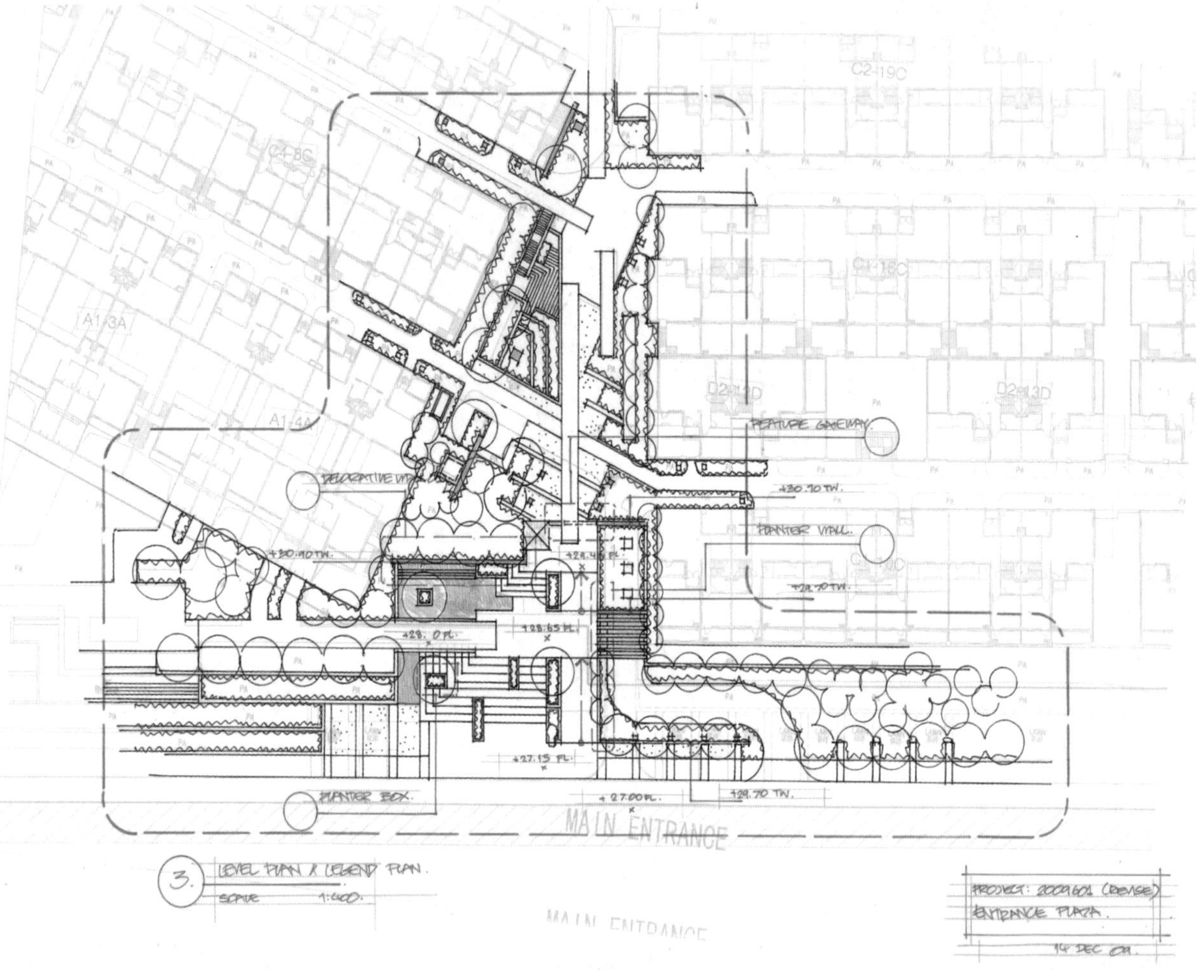

图 6-33　方案构思草图（3）

（2）初步深化。力图打破不同功能用地分离规划的现状，成功塑造一个集商业、餐饮、办公、居住、休闲等于一体的商住综合体。将原定的商业购物中心完美地升级为一个业态丰富、功能完善的商业街区，打造出一片高度城市化的区域，将不同的功能压缩并引入项目基地中，使各功能区域之间不仅有着超高的连接性，也为该地区增添了发展潜力，使其未来的发展更自由、更具兼容性，如图 6-34 所示。

（3）风格意向。该商业景观空间已经不只是营造单纯的购物氛围，而将成为营造具有参与性、互动性、提升幸福感的城市公园，重在打造相互契合的主题性景观空间，以及集标示性、主题性、展示性、趣味性、联动性于一体的商业景观空间，如图 6-35 所示。

5）景观节点设计

利用高差，营造趣味微地形空间，高高低低，起起伏伏，丰富空间的变化，鼓励人们在此娱乐和休闲，如图 6-36 所示。

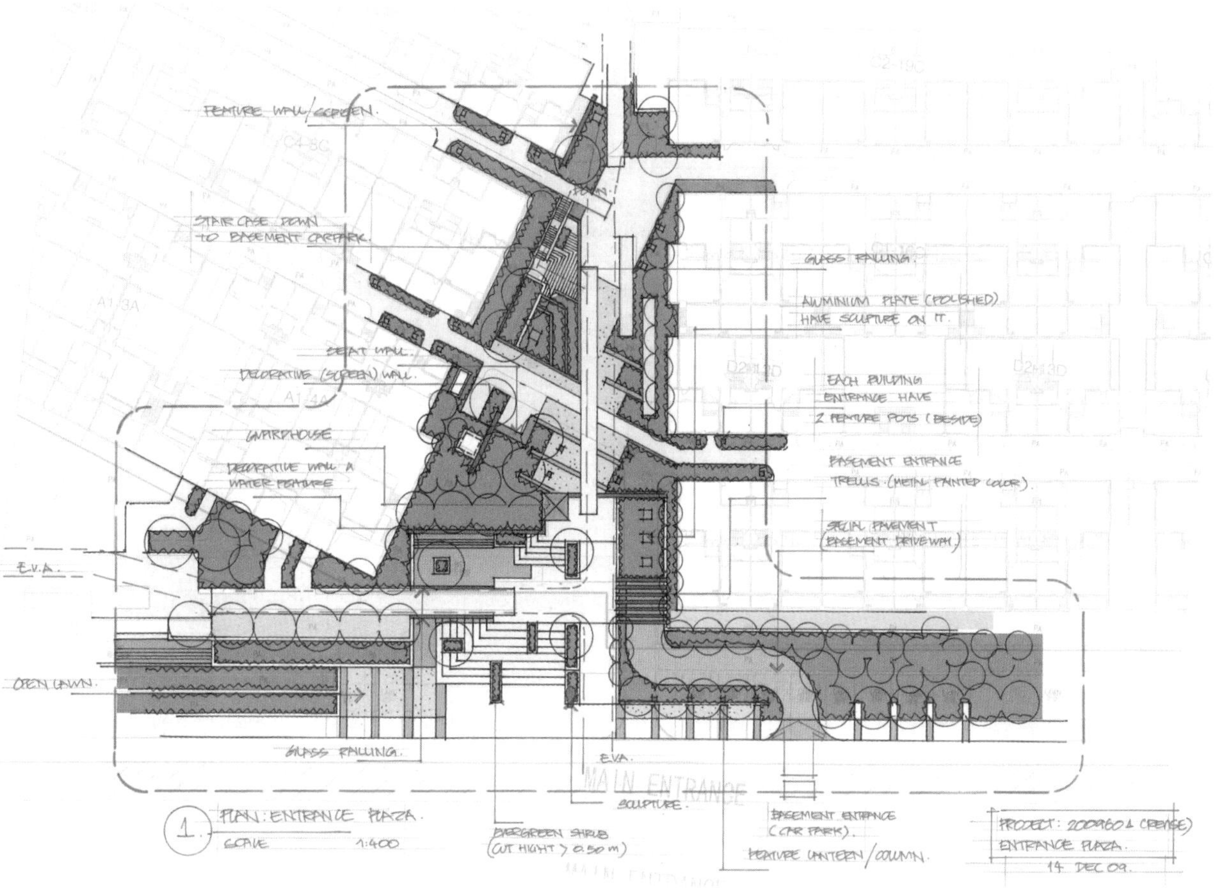

图 6-34　方案深化总图

图 6-35　风格意向图

图 6-36　景观节点效果图

4．温州奥体中心景观设计

1）项目概况

本项目建设用地面积约 956.87 亩。其中奥林匹克体育中心主体育场工程用地约 420.64 亩，温州体育运动学校永中校区用地约 386.17 亩，商业用地约 150.06 亩。温州奥体中心主体育场工程及温州体育运动学校永中校区工程位于龙湾区行政中心区南侧，东至高新大道，南至城北路，西至环山东路，北至永定路。项目所在地距温州市区 14 千米，距龙湾行政中心区 1.4 千米，离温州永强机场 4 千米，其东侧为龙湾永中街道，东南角为省级文物保护单位永昌堡，西侧为温州生态园，地理及交通区位优势明显，如图 6-37 所示。

图 6-37　温州奥体中心现状

2）设计理念

温州奥体中心主体育场工程及温州体育运动学校永中校区工程，是温州市实现“三生融合、幸福温州”，构建“现代化国际性大都市”战略目标的重大工程，是温州市今后举办国际、国内大型赛事和创建“全省体育强市”的重要载体，能满足竞技体育比赛、业余训练、群众健身、文化娱乐、旅游休闲、商贸会展的一体化需求，并可成为一个开放性的、环境优美的体育公园，如图 6-38 所示。

图 6-38 温州奥体中心设计理念

3）设计原则

人作为社会的主人，对环境的要求越来越高。根据人们的生活需求和对环境的需求，本项目重在加强人与环境之间的关联，实现人与景观环境之间的互动，以自然、文化、生态等设计理念为依据，努力建设成为一个人性化的奥体中心，如图 6-39 所示。

图 6-39 温州奥体中心手绘效果图

4）设计步骤

（1）概念草图。在形成概念草图时，将场地约束和现状条件纳入其中，场地、建筑形态、地下空间的出入口将成为图纸上与空间中的“斑块”，如何处理各种形式与功能问题将是概念草图的出发原点。运用现代感极强的流线型线条，与“斑块”相联结，并与颇有现代感的奥体中心相融合，如图 6-40 所示。

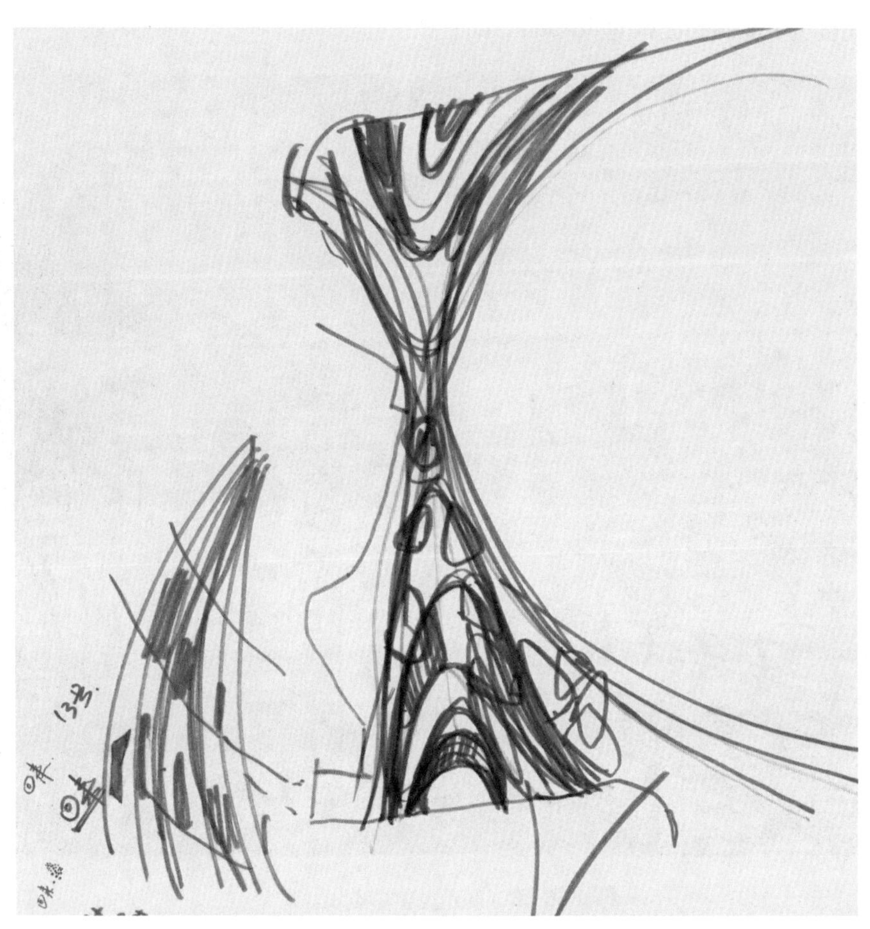

图 6-40　温州奥体中心概念草图

（2）初步深化。结合原有场地的现状进行空间界面的思考。原场地中的温州奥体中心建筑设计方案运用了弧形元素和圆形元素，故该景观设计也以弧形元素为主，根据各疏散口的人流量以及人行道的尺度，分层级设计景观组团，硬质铺地与组团绿化相结合，形成“绿岛”，现代感极强，凸显温州奥体中心的现代化风格，如图 6-41 所示。

（3）风格意向。风格意向图是视觉艺术的语言，表达了设计师的初步设计愿景，风格意向图具有准确的写实性和说服力。要运用一定的想象力与描绘能力，特别要注意对设计深度的把握，以及场地与建筑的关系，可以将景观嵌入其中，表达出“绿岛”与人、景观、建筑的尺度感，以及场地景观氛围的营造等，进行一些初步思考上的表达，如图 6-42 所示。

5）景观节点

景观节点通俗的说就是视线汇聚的地方，也就是在整个景观轴线上比较突出的景观点。大型广场的中心雕塑、喷泉等就是景观节点，其作用就是能吸引周边的视线，从而突出该点的景观效果。景观节点往往在整个景观设计中起画龙点睛的作用。一般大型的项目会有多个节点，突出各部分的特色，同时也把全局串联在一起，以更好地体现出设计者的意图。本项目的节点表现图如图 6-43 和图 6-44 所示。

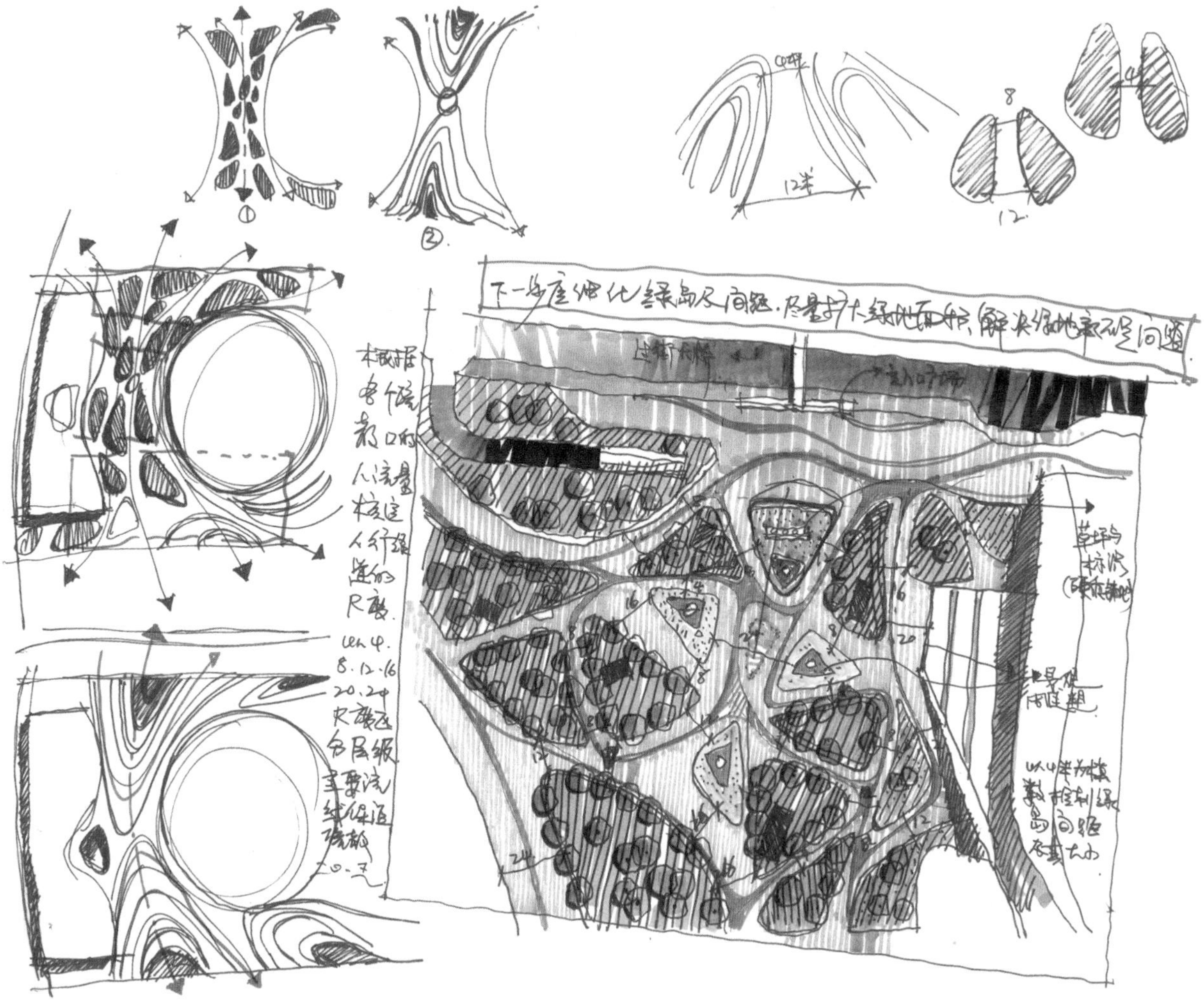

图 6-41　温州奥体中心场地设计草图

图 6-42　温州奥体中心意向手绘图

图 6-43 水池节点表现图

图 6-44 中央喷泉节点表现图

在设计概念产生发展和完善的过程中，手绘起到帮助设计师思考的作用，那么当设计水平达到了一定程度时，手绘就成了帮助设计师之间或设计师和甲方交流想法的工具。设计师之间的交流会采用手绘；设计师和甲方的交流会相对正式一些，这时，平立剖经常由计算机制作，呈现给甲方的手绘主要是各种更直观的三维透视图，包括鸟瞰、人视点透视、轴测等，这个阶段的关注点包括整体氛围和意境、空间和行为、材质和光影等。本项目整体鸟瞰图的效果如图 6-45 和图 6-46 所示。

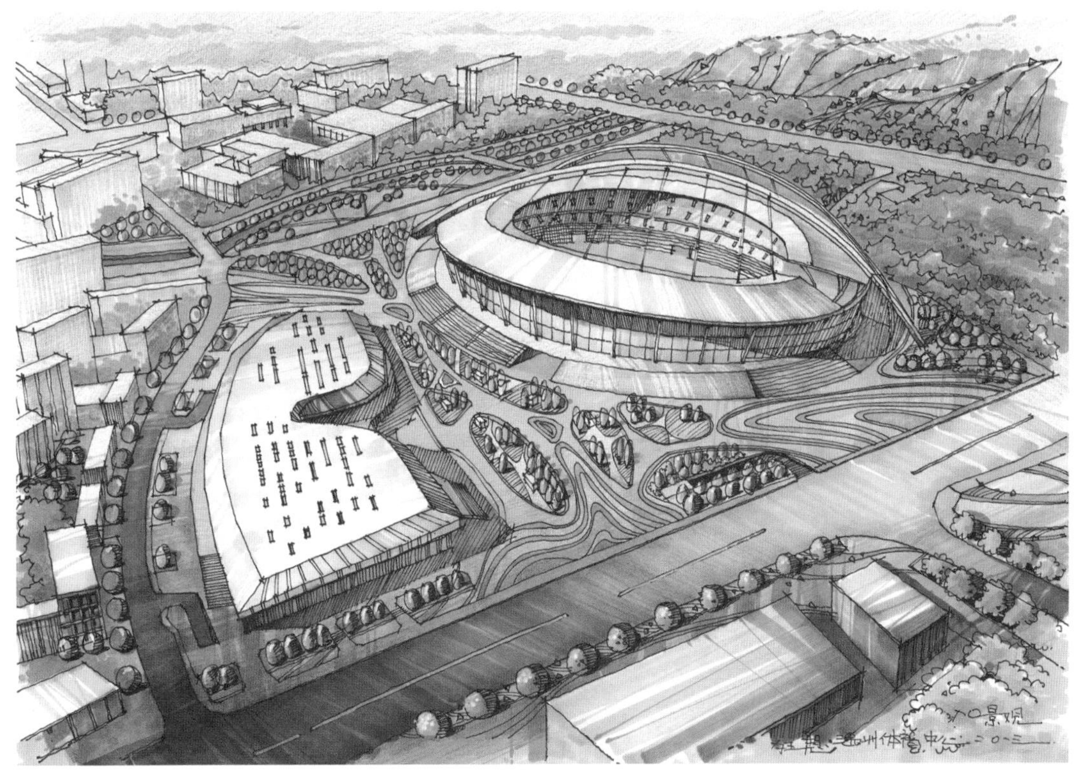

图 6-45　整体鸟瞰图表现

图 6-46　整体鸟瞰图计算机效果图

6.5 小　结

本章分析了手绘在园林景观设计各个阶段中的运用。在初期草图构思中，及时捕捉灵感来源；现场调研时应记录场地环境，设计师身处其中，可以通过手绘图形的形式来表达自己的想法，并进行设计理念的视觉传达表现。设计师把收集的信息组织成设计语言时，通过手脑的结合把抽象的思维落实到具体设计中。在草图深入过程中，需要不断地将头脑中的构想、图形形体、空间形态在草图上进行一步一步地绘制，平立面不断地互相推敲，相互渗透，不断尝试推演出各类方案。中期设计往往是把前期设计草图的想法落实到设计阶段中，有了初步的平面草图，再用立面设计考虑实际场地情形等因素，结合立面图、草图空间图合理地推敲设计方案。通过中期方案的不断深入，再进入后期的方案的完善阶段，这是一个不断否定、创造，再否定、再创造的过程。到后期的设计成果表现阶段，各类不同的表现形式各有特色，设计师可以根据方案效果、个人喜好来选择合适的表现手法。应注重表现出设计要点，同时使设计具有一定的艺术性，但不可一味地只注重表现技法而忽视设计本身的表达。

6.6 课堂练习

（1）完成一个 10 米 ×10 米的别墅庭院景观课程设计。

（2）完成一个面积为 50000 平方米的商业广场课程设计，地块自拟。

参 考 文 献

[1] 芦原义信 . 外部空间设计 [M]. 尹培桐,译 . 北京：中国建筑工业出版社，1985.

[2] 保罗 · 拉索 . 图解思考——建筑表现技法 [M]. 邱贤丰,译 . 北京：中国建筑工业出版社，2002.

[3] 王晓俊 . 风景园林设计 [M]. 南京：江苏科学技术出版社，2009.

[4] R. 麦加里，G. 马德森 . 美国建筑画选——马克笔的魅力 [M]. 白晨曦,南舜薰,译 . 北京：中国建筑工业出版社，2010.

[5] 里德 . 园林景观设计从概念到形式 [M]. 郑淮兵,译 . 北京：中国建筑工业出版社，2010.

[6] 詹姆斯 · 理查兹 . 手绘与发现 [M]. 程玺,译 . 北京：电子工业出版社，2014.

[7] 王其钧 . 中国园林图解词典 [M]. 北京：机械工业出版社，2016.

[8] 诺曼 · K. 布思 . 风景园林设计要素 [M]. 曹礼昆,曹德鲲,译 . 北京：北京科学技术出版社，2018.